国家出版基金项目
NATIONAL PUBLICATION FOUNDATION

中华传统食材丛书

总主编 魏兆军 陈寿宏

干坚果卷

主 编 张 帆 潘文娟
编 委 张秀秀 张一格 魏兆军

合肥工业大学出版社

图书在版编目（CIP）数据

中华传统食材丛书.干坚果卷／张帆，潘文娟主编. —合肥：合肥工业大学出版社，2022.8

ISBN 978-7-5650-5122-7

Ⅰ.①中… Ⅱ.①张… ②潘… Ⅲ.①烹饪—原料—介绍—中国 Ⅳ.①TS972.111

中国版本图书馆CIP数据核字（2022）第157785号

中华传统食材丛书・干坚果卷

ZHONGHUA CHUANTONG SHICAI CONGSHU GANJIANGUO JUAN

张 帆 潘文娟 主编

项目负责人 王 磊 陆向军
责 任 编 辑 张 燕
责 任 印 制 程玉平 张 芹
出　　版 合肥工业大学出版社
地　　址 （230009）合肥市屯溪路193号
网　　址 www.hfutpress.com.cn
电　　话 编校与质量管理部：0551-62903055
营销与储运管理中心：0551-62903198
开　　本 710毫米×1010毫米 1/16
印　　张 11.5 **字 数** 160千字
版　　次 2022年8月第1版
印　　次 2022年8月第1次印刷
印　　刷 安徽联众印刷有限公司
发　　行 全国新华书店
书　　号 ISBN 978-7-5650-5122-7
定　　价 99.00元

总序

健康是促进人类全面发展的必然要求，《“健康中国2030”规划纲要》中提出，实现国民健康长寿，是国家富强、民族振兴的重要标志，也是全国各族人民的共同愿望。世界卫生组织（WHO）评估表明膳食营养因素对健康的作用大于医疗因素。“民以食为天”，当前，为了满足人民日益增长的美好生活的需求，对食品的美味、营养、健康、方便提出了更高的要求。

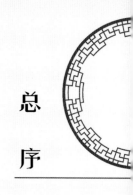

中国传统饮食文化博大精深。从上古时期的充饥果腹，到如今的五味调和；从简单的填塞入口，到复杂的品味尝鲜；从简陋的捧土为皿，到精美的餐具食器；从烟火街巷的夜市小吃，到钟鸣鼎食的珍馐奇馔；从“下火上水即为烹饪”，到“拌、腌、卤、炒、熘、烧、焖、蒸、烤、煎、炸、炖、煮、煲、烩”十五种技法以及“鲁、川、粤、徽、浙、闽、苏、湘”八大菜系的选材、配方和技艺，在浩渺的时空中穿梭、演变、再生，形成了绵长而丰富的中华传统饮食文化。中华传统食品既要传承又要创新，在传承的基础上创新，在创新的基础上发展，实现未来食品的多元化和可持续发展。

中华传统饮食文化体现了“大食物观”的核心——食材多元化，肉、蛋、禽、奶、鱼、菜、果、菌、茶等是食物；酒也是食物。中国人讲究“靠山吃山、靠海吃海”，这不仅是一种因地制宜的变通，更是顺应自然的中国式生存之道。中华大地幅员辽阔、地大物博，拥有世界上最多样的地理环境，高原、山林、湖泊、海岸，这种巨大的地理跨度形成了丰富的物种库，潜在食物资源位居世界前列。

“中华传统食材丛书”定位科普性，注重中华传统食材的科学性和文化性。丛书共分为30卷，分别为《药食同源卷》《主粮卷》《杂粮卷》《油脂卷》《蔬菜卷》《野菜卷（上册）》《野菜卷（下册）》《瓜茄卷》《豆荚芽菜卷》《籽实卷》《热带水果卷》《温寒带水果卷》《野果卷》《干坚果卷》《菌藻卷》《参草卷》《滋补卷》《花卉卷》《蛋乳卷》《海洋鱼卷》《淡水鱼卷》《虾蟹卷》《软体动物卷》《昆虫卷》《家禽卷》《家畜卷》《茶叶卷》《酒品卷》《调味品卷》《传统食品添加剂卷》。丛书共收录了食材类目944种，历代食材相关诗歌、谚语、民谣900多首，传说故事或延伸阅读900余则，相关图片近3000幅。丛书的编者团队汇聚了来自食品科学、营养学、中药学、动物学、植物学、农学、文学等多个学科的学者专家。每种食材从物种本源、营养及成分、食材功能、烹饪与加工、食用注意、传说故事或延伸阅读等诸多方面进行介绍。编者团队耗时多年，参阅大量经、史、医书、药典、农书、文学作品等，记录了大量尚未见经传、流散于民间的诗歌、谚语、歌谣、楹联、传说故事等。丛书在文献资料整理、文化创作等方面具有高度的创新性、思想性和学术性，并具有重要的社会价值、文化价值、科学价值和出版价值。

对中华传统食材的传承和创新是该丛书的重要特点。一方面，丛书对中国传统食材及文化进行了系统、全面、细致的收集、总结和宣传；另一方面，在传承的基础上，注重食材的营养、加工等方面的科学知识的宣传。相信“中华传统食材丛书”的出版发行，将对实现“健康中国”的战略目标具有重要的推动作用；为实现“大食物观”的多元化食材和扩展食物来源提供参考；同时，也必将进一步坚定中华民族的文化自信，推动社会主义文化的繁荣兴盛。

人间烟火气，最抚凡人心。开卷有益，让米面粮油、畜禽肉蛋、陆海水产、蔬菜瓜果、花卉菌藻携豆乳、茶酒醋调等中华传统食材一起来保障人民的健康！

中国工程院院士

2022年8月

序

坚果是一种有着坚硬的外壳、果仁可食用的植物果实。坚果可分为裂果和闭果，果皮坚硬，内含一粒或者多粒种子，例如开心果、核桃等。干果，大多是以新鲜果实为原料，经晒干等工艺加工而成的食品，例如桂圆干、葡萄干等。干坚果具有色、香、脆、爽等特点，深受消费者的喜爱，也让古今中外的文人饕客着迷，古人李白在《夜泊黄山闻殷十四吴吟》中提道："朝来果是沧洲逸，酤酒醍盘饭霜栗。半酣更发江海声，客愁顿向杯中失。"散文家丰子恺说："发明吃瓜子的人，真是一个了不起的天才。"可见，干坚果在古今均是一种很好的休闲食品，食之怡情。

近年来，坚果炒货行业飞速发展，稳居休闲食品行业的榜首。坚果炒货在保持销量快速、稳定增长的同时，更加注重原材料的稳定化发展，在全国范围内形成了具有鲜明特色的坚果产业群，如浙江山核桃等，为行业原材料提供品质保证的同时，带动区域特色产业发展，形成品牌效应。与此同时，行业内也涌现出了更多产业规模较大、质量过硬、深受人们喜爱的品牌，进一步带动了行业的发展。此外，坚果炒货行业也正在积极应对愈加激烈的市场竞争，积极引入国外品种，不断丰富坚果炒货的种类，提高企业竞争力。

干坚果浓缩了植物的精华部分，是一种兼具营养和美味的食品，富含不饱和脂肪酸、维生素C、维生素E和矿物质等对人体十分有益的营养物质，常吃干坚果能帮助人们清除体内氧化自由基，起到延缓衰老的作用。除此之外，干坚果还具有软化血管、调节血脂、保护心血管和益智补脑等作用，对儿童生长发育、成年人增强体质、预防疾病等均有极好的功效。其色、香、脆、爽等特点令人久食不厌，深受消费者的青睐。

本卷为“中华传统食材丛书”《干坚果卷》。全书以浅显易懂的语言，从物种本源、营养及成分、食材功能、烹饪与加工、食用注意以及传说故事（或延伸阅读）等六个方面，系统地阐述了目前被我国不同地区消费者所食用的干坚果，力求加深读者对干坚果食材的了解，为读者提供方便快捷的食用指南。读者可以根据自身状况，选择最适合自己的干坚果，补充营养，调养身体。

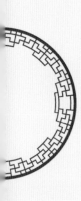

“物种本源”部分主要是介绍干坚果所属种属、形态特征、生长习性等。有的干坚果是我国本土种植的，而有的是原产地在国外，后传入我国引种栽培的。“营养及成分”部分则对其所含的多糖、蛋白质、脂肪、维生素、矿物质等几大营养物质进行了介绍。“食材功能”部分则从性味、归经和功能三个方面，让读者对每种干坚果的特性有更深入的了解。大多数干坚果不仅具有很高的食用价值，而且还兼具特殊的药用价值，例如《本草纲目》中记载：“胡桃性热，能入肾、肺，惟虚寒者宜之，下通于肾而腰脚虚寒者宜之。”“杀虫攻毒，治痈肿，疬风，疥癣，杨梅，白秃诸疮，润须发。”从古至今皆有相关学者不断研究干坚果中所含营养成分，并将之融入中国传统和现代医学食疗中，将其与其他食材、药材搭配，以达到强身健体之功效。由于不同的加工方式对干坚果营养和风味会有不同的影响，例如，条件剧烈的加工方式很可能引起坚果致敏性的变化，因此，“烹饪与加工”部分也列出了干坚果食材常见的烹饪与加工方法，丰富了读者的日常食谱。由于不同人群在食用干坚果时还有一些注意事项，因此，“食用注意”部分便为读者提供了一些指导和帮助。最后，每个类目以“传说故事（或延伸阅读）”作为收尾，增加了阅读的趣味性。

本卷仅对核桃、开心果、腰果等14种坚果，以及红枣、桂圆干、芒果干等15种干果进行了详细介绍，还有一部分人们经常食用的干坚果已归入“中华传统食材丛书”《药食同源卷》和《籽实卷》进行介绍。

西北农林科技大学徐怀德教授审阅了本书，并提出宝贵的修改意见，在此表示衷心的感谢。

由于编者的学识水平有限，书中错误在所难免，恳请广大读者批评指正。

编　者

2022年7月

目录

核桃

掌上旋日月，时光欲倒流。
周身气血涌，何年是白头？

——《咏核桃》（清）
爱新觉罗·弘历

一、物种本源

拉丁文名称，种属名

核桃（*Juglans regia* Linn.），为胡桃科核桃属乔木核桃树的果实，又名胡桃、羌桃、万岁子等。

形态特征

核桃外果皮光滑，果皮内为黄褐色的坚硬球形核果，核内果仁形似大脑。

习性，生长环境

核桃树喜光，耐寒，抗旱、抗病能力强，可适应多种土壤。核桃树在我国各地均有分布，且我国各地已培育出多个具有地方特色的核桃品种。

核桃蛋糕

二、营养及成分

核桃营养价值丰富，核桃的油脂含量远高于大豆、花生、芝麻和油茶籽，被称为“木本油料王”，而且核桃油脂中的不饱和脂肪酸含量约占脂质总量的86%。此外，核桃富含多种矿物质和维生素，例如钾、铁、铜、镁等人体必需的矿物质，以及维生素B_1、维生素B_2、维生素E、叶酸、泛酸等维生素。核桃还含有多种生物活性物质，如多酚、黄酮、植物甾醇、褪黑素等，以及大量的抗氧化成分，如胡桃苷、胡桃醌、绿原酸、没食子酸、对羟基苯甲酸、咖啡酸等。每100克核桃主要营养成分见下表所列。

脂质	60~65克
蛋白质	15克
碳水化合物	13克
纤维素	5克

三、食材功能

性味 性平、温，味甘。

归经 归肾、肺、大肠经。

功能

（1）健脑益智。核桃可以健脑益智，提高认知能力和记忆力。

（2）护肝。核桃具有良好的抗氧化活性，使其具有较强的肝脏保护能力。

（3）调节血糖。核桃中含有丰富的不饱和脂肪酸，可帮助改善胰岛功能，起到调节血糖作用。

(4) 降血脂。核桃对因长期摄入高脂食物造成的脂肪组织凋亡和炎症等具有一定的治疗效果，对降低血脂具有一定的辅助作用。

(5) 预防心血管疾病。食用核桃后，人体动脉内皮素可被抑制，血小板的生长可被促进，胆固醇的聚集能力可被降低，内皮细胞的功能也可被改善，从而可以有效预防冠心病等心血管疾病。

四、烹饪与加工

核桃油

核桃油是利用压榨法、水代法、超临界流体萃取法等现代工艺从核桃仁中提取的植物油。其不仅具有核桃仁的营养成分，还具有一些独特的功用。

核桃油

核桃粉

在核桃仁深加工产品中，最主要的就是核桃粉。现代社会中，许多注重养生的年轻人，都有补充植物蛋白的习惯，而核桃粉即是一种较为优质的植物蛋白粉。将榨过油后的核桃粕加工成核桃粉，食用后对促进人体健康具有很大的作用。目前加工核桃粉主要采用的方法是喷雾干燥法和超微粉碎法。市场上常见的核桃粉主要有全脂核桃粉、半脱脂核桃粉和无脂核桃粉三种。

核桃乳

以核桃仁为原料，经热浸、去皮、磨浆和过滤后可得到核桃乳液，再加入适量的乳化剂等添加剂，经调配、均质、杀菌后即可得到核桃乳饮品。核桃乳不仅含有丰富的蛋白质和各种微量元素，而且还有效保留了核桃的原始风味。

核桃乳

另外，核桃不仅可以加工成饮品，还可以加工成核桃糕点和甜点等，从而丰富食品的营养价值，改善口感；在香肠、火腿等肉类制品中加入适当的核桃制品，不仅可以提高产品的营养价值，还可以减少水分的流失。

核桃点心

五、食用注意

核桃久存或贮存方式不当，很容易变质，产生黄曲霉素，食用后对人体健康不利，因此，有哈喇味、变质的核桃不能食用。

传说故事

核桃的传说

有一年，卢氏家族发生了瘟疫。为了给卢氏家族治病，神医扁鹊带着弟子到玉皇山采药。灵芝、天麻、枣皮、金银花都采到了，唯独少了最重要的一味药——核桃。到哪儿找核桃呢？弟子子阳建议：进瓮潭沟，向住在瓮城瀑布上面瑶池旁边的西王母讨要。扁鹊来到瓮潭沟口，被西王母的丫鬟杜鹃拦住了去路，说七仙女们正在瓮城瀑布戏水，请君少待片刻。又等了一会儿，杜鹃说，仙女们到上面瑶池去了，请君入瓮潭沟吧。

瓮潭沟口小肚子大，扁鹊进入沟里一看，两边山坡上尽是中草药，就连溪水里游来荡去的黑鱼、甲鱼等，也都是上好的补品。扁鹊走到瀑布前，只见几十米高的瀑布像长空白练，从半空中咆哮而下，在高耸的崖壁间发出“嗡嗡”的回声。扁鹊正在为瀑布的壮丽景观惊叹不已，这时杜鹃送来了核桃种子，并且告诉他，一个核桃救不了多少人，不如把核桃种子种在沟口，经王母娘娘点化，马上就能长成大树，结出许多核桃。扁鹊走到沟口，按杜鹃的说法把核桃埋进土里，眨眼间，面前便长起一棵大树，并且结了无数的核桃。扁鹊就用这棵树上的核桃作药引子，救活了许多人，最终扑灭了瘟疫。

后来，卢氏族人就不断地到这儿采种育苗，使全族百姓的房前屋后、沟旁渠边都长满了核桃树，让它们一年又一年、一代又一代地向人们奉献着阴凉和硕果。

山核桃

枝头叶底不能藏，独脱无依未断当。
一击浑身如粉碎，不堪收拾始馨香。

——《胡桃》（南宋）释普济

一、物种本源

拉丁文名称，种属名

山核桃（*Carya cathayensis* Sarg.），为胡桃科山核桃属落叶乔木山核桃树的果实，多为野生，又称小核桃、野核桃。

形态特征

山核桃形似核桃，但个头较小，重5克左右；形似桂圆，但外壳坚硬，木质化，有浅皱纹。

习性，生长环境

山核桃树适宜生长于海拔400～1200米的山麓或腐殖质丰富的山谷。全世界共有18种山核桃属的植物。我国是山核桃的原产地之一。山核桃在我国主要分布在浙江、安徽、湖南、贵州、云南等地，这些地区种植的山核桃品种有浙江山核桃、大别山山核桃、湖南山核桃、贵州山核桃和云南山核桃，还有从国外引入栽培的美国山核桃等。

二、营养及成分

山核桃营养丰富，其成分主要有64.5%的脂质、8.3%的蛋白质、21.3%的碳水化合物，单不饱和脂肪酸和多不饱和脂酸约占脂质总量的60%和32%。山核桃富含包括7种必需氨基酸在内的17种氨基酸，还含有钾、钙、钠、镁、锌等22种矿物质营养素，特别是钙、钾、锌含量大大高于其他常见坚果。山核桃中的大黄酚、球松素、胡桃醌、β-谷甾醇、黄卡瓦胡椒素、乔松素等活性成分，具有抗氧化、抑菌等生物活性。

三、食材功能

性味 味甘，性温。

归经 归肾、肺经。

功能

（1）补脑益神。山核桃富含大量的优质蛋白质和脂质，是健脑、补脑佳品，并且山核桃中的生物活性物质，有助于大脑放松，缓解神经紧张，可消除脑疲劳。

（2）降低胆固醇。山核桃中的优质脂质具有较强的抗氧化性，可以有效地降低血脂、清除血管壁杂质，促进血液循环。另外，山核桃仁中的胡桃醌也有降低胆固醇的作用，因此，可预防动脉硬化、脑出血、高血压、心脏病、肾衰竭等疾病。

（3）抗衰老。山核桃中富含抗衰老成分——维生素E，有助于抵制自由基，避免细胞受到损伤，具有美容养颜和抗衰老的作用。

（4）其他作用。山核桃还可用于治疗非胰岛素依赖型糖尿病。山核桃中含量较高的锌和铜，有益于缓解冠心病患者的病情。山核桃还有镇痛、增加白细胞数量和保护肝脏等作用。山核桃油中含有的高级醇，具有润肤和防止皮肤干燥的功能。

四、烹饪与加工

山核桃粥

山核桃粥

（1）材料：山核桃仁、粳米、冰糖等。

（2）做法：将山核桃仁放温水中浸泡，切碎。将粳米洗净，放入锅内，加水适量，再放入山核桃仁、冰糖煮沸，改为小火熬煮成粥状即可。这款养生粥具有健脾胃、滋补肾的功效，还适用于食欲不振、消化不良、腰膝酸痛、小便频数等病症。

山核桃油

山核桃是木本油料中含油量较高的一种，而且山核桃油的碘值和皂化值高，油酸、亚油酸等不饱和脂肪酸的含量大于88%，高于橄榄油。因此，将山核桃中所含的油脂加工成山核桃油，不仅保存了山核桃仁中的多种维生素等营养成分，还保留了其生物活性和药理功效。

山核桃乳

山核桃仁经去皮、磨浆、过滤、调配、均质和杀菌，可加工成山核桃乳饮料。另外，在山核桃乳中加入松子仁混配，可制成山核桃乳保健饮品。

麻辣山核桃

山核桃去皮后，经筛选晒干至含水量小于或等于2%，再进行分级筛选，去除不饱满的山核桃；加粗盐、辣料，旺火水煮6小时，再将山核桃烘干，温度设置为200℃，时间为20分钟；用粗盐、白砂糖、鸡精和辣料熬煮的卤水浸料3分钟，烘干成品。这款麻辣山核桃回味悠长且不油腻，能使山核桃仁产品长期贮存。除了可制成麻辣味外，山核桃还可加工成椒盐味、咸香味等多种口味，其保留了山核桃仁的原始风味、色泽、营养价值等，携带方便，可供旅游、配餐时食用。

山核桃仁

五、食用注意

阴虚火旺、痰火炽热和腹泻便溏者，不宜食用山核桃。

传说故事

朱元璋与“大明果”

据说，元朝末年，刘伯温从天目山来到昌化千亩田，遇上了朱元璋。两人谈古论今，一见如故。刘伯温看朱元璋身材魁梧，仪表非凡，胸有大志，就劝他在千亩田招兵买马灭元，朱元璋说：“这谈何容易？首先军粮从哪里来啊？”这可难倒了刘伯温。

一日，刘伯温闲来无事，走进伙房，见厨师用沸水煮芹菜后再捞上来，问道：“这是为何？”厨师说：“芹菜略有苦味，放进沸水烧煮片刻捞上来再烧，就无苦味了。”受厨师的启发，刘伯温想到漫山遍野无人问津的山核桃，能否放到水里去煮，除去苦味呢？经他试验，果然有效，煮完捞起再放到火笼上一烘，山核桃成了既香又脆的美味佳果。

这消息不胫而走，大批山核桃被运往苏、杭出售，从此百姓手里钱多粮足。刘伯温把这件事情告诉了朱元璋，朱元璋抓住机遇，招兵募捐，训练兵马，兵分数路，打下山去。朱元璋这次出兵，兵多粮足，势如破竹，不久便推翻了元朝，建立了明朝。后来，这座山被称为“大明山”，山核桃也就成了“大明果”了。

碧根果

域外传来已百年，可成风景可成鲜。
果材双用尤堪赞，壳薄仁肥更两全。

——《碧根果》（现代）关行邈

一、物种本源

拉丁文名称，种属名

碧根果［*Carya illinoensis*（Wangenheim）K. Koch］，为胡桃科山核桃属落叶乔木美国山核桃树的果实，又名长寿果、美国山核桃，在我国云南有大量种植。

形态特征

碧根果分为大尖、中尖、小尖、大圆、中圆、小圆6种形态，整体为长椭圆形的橄榄状坚果，壳薄易剥，内部果仁饱满、油脂含量高，味甜且香，营养丰富，是世界十大坚果之一。

习性，生长环境

美国山核桃树喜温暖湿润气候，较耐寒，以年平均气温15.2℃为宜。不同发育期对水分的要求不同，一般在开花前春梢生长期要求适量雨水；4月下旬至5月中旬为开花期，忌连续阴雨；6月至9月为果实和裸芽发育时期，要求雨量充足而均匀。其对光照不太苛求。土壤以疏松而富含腐殖质的石灰岩风化而成的砾质壤为宜，以石灰岩上发育的油黑土、黄泥土及砂岩、板岩、页岩上发育的黄泥土为最好。美国山核桃树原产于北美洲，目前在我国云南、河北、河南、江苏、浙江、福建、江西、湖南、四川等地均有栽培。

二、营养及成分

碧根果营养丰富，每1千克碧根果仁的营养价值可以与5千克鸡蛋或9千克牛奶媲美。每100克碧根果仁中，含有66.6%的脂质、17.5%的蛋白质、7.6%的碳水化合物和6.7%的纤维素，热量测定为670千卡，是同等质量粮食的热量的2倍。碧根果中维生素B_1、维生素B_2、维生素C和维生素E，以及铁、镁、锌和钴等元素的含量较高。碧根果中还含有17种氨基酸、8种脂肪酸，其中包含7种必需氨基酸。

三、食材功能

性味 味甘，性温。

归经 归肾、肺经。

功能

（1）预防心血管疾病。碧根果含有大量的由亚油酸和甘油酯构成的不饱和脂肪酸，且含有精氨酸和其他的抗氧化活性成分，可以有效地保护心血管，从而降低中风、冠心病等心血管疾病的患病风险。

（2）补脑益智。碧根果中富含微量元素锌和锰。锌和锰元素是构成脑垂体的重要成分。碧根果中富含的油脂成分还可以补充大脑基质。经常食用碧根果，可以有效补充大脑营养、改善脑循环、增强记忆力和治疗神经衰弱、失眠等。

（3）美容润肤。碧根果中富含具有较强抗氧化活性的维生素E，可以避免皮肤细胞受自由基氧化损伤。常吃碧根果可以补充肌肤营养，使干枯、粗糙的皮肤变得白嫩细滑。

（4）对结石病有辅助疗效。碧根果对胆结石、尿道结石等结石病具有辅助疗效，其富含丙酮酸，能够有效地抑制蛋白质与非结合型胆红素、钙离子等的结合，并能促使已形成的结石溶解、消退，帮助结石排泄出来。

（5）消炎杀菌。碧根果油可以用于皮炎和湿疹的治疗，具有消炎、止痒、收敛和抑制皮肤渗水等作用。

（6）防止白发。碧根果具有乌发、润发的作用，可以用作头发早白的调养。

碧根果油

碧根果含有大量的优质油脂，可以通过水酶提取法、超临界二氧化碳萃取法和冷榨提取法等方法制作食物油。碧根果油含有多种生理活性物质和维生素，不但保留了碧根果果仁绝大部分的营养保健及药理功效，还具有一些独特的功效。此外，利用榨油后剩余的碧根果粕作为原料，采用喷雾干燥法可生产碧根果粉。

碧根果油

碧根果乳饮料

碧根果营养丰富，把碧根果去皮、浸泡、磨浆、过滤可得到碧根果果乳，再利用乳酸菌发酵得到植物发酵乳，加工制作成碧根果乳饮料。在生产碧根果乳饮料的过程中，剩余的果胶和果渣仍然富含蛋白质、脂肪、粗纤维和其他营养物质，可利用乳杆菌将其进一步发酵，生产活性乳饮料。

碧根果休闲食品

碧根果果仁经轻微脱脂后制得的碧根果饼，复水后可基本恢复碧根果果仁原形，可加工成一系列碧根果休闲小食品，如碧根果饼干、碧根果酥糖、琥珀碧根果果仁等。碧根果果仁和辅料，混合后经粉碎、蘸糖、掺粉、切分、造型后可制得形态完整、外表美观、口感酥脆的碧根果酥糖。琥珀碧根果果仁是采用碧根果果仁、白砂糖、食用油等制成，具有琥珀的颜色和光泽，能够维持碧根果果仁自身的形态，是一种老少皆宜的休闲食品。

碧根果曲奇饼干

五、食用注意

（1）碧根果性温，不宜多食，否则易上火。

（2）碧根果含油量高，糖尿病患者和肥胖者不易常食、多食。

（3）腹泻、内热素盛、阴虚火旺者以及痰热咳嗽、痰湿重者暂勿食用碧根果。

（4）储存过久的碧根果容易发黏、泛油，出现哈喇味，不可食用。

延伸阅读

种下碧根 拔掉穷根

绿意染田间，清水润大地。盛夏酷暑，漫山遍野的绿色消解了大半暑气。江苏省泗洪县成片碧根果树绿意盎然，树林里的农民正在拔草、除虫。一阵风拂过，泥土里似乎升腾起一缕青烟，弥漫着欣欣向荣的味道。

谁曾想到，数年前这里还是一片荒山野岭，老百姓温饱无法解决。近年来，泗洪县因地制宜，大力发展碧根果产业，荒地日益变成“富果园”。

曾经，在江苏，泗洪因贫穷而出名，尤其是县城的西南岗片区。改革开放以来，各地办起了特色产业，逐渐摆脱贫困，而坐拥境内第一峰大红山的西南岗片区，却迟迟发展不起来。2007年，经过林业专家多次考察论证，泗洪县西南岗片区的地理特征很适合种植碧根果树，3.2万株碧根果树苗开始在大红山扎下了根。经过七八年的等待，碧根果树开始挂果。10多年过去了，当年种下的小树苗如今已长成参天大树，曾经的荒山也摇身一变成为“致富林”。越来越多的老百姓种起了碧根果树，果产量逐年递增，当地农民的口袋也鼓起来了。

榛子

微物生山泽，萧条荆棘邻。
何人掇秋实，此日待嘉宾。
虽无木桃赠，投此寄情亲。

——《席上赋得榛》
（北宋）司马光

一、物种本源

拉丁文名称，种属名

榛子（*Corylus heterophylla* Fisch. ex Trautv.），为桦木科榛属落叶灌木或小乔木榛树的成熟果实，又称棰子、山板栗等。

形态特征

榛子外形与栗子相似，为黄褐色卵圆形的坚果，直径为0.7～1.5厘米。其种仁香甜可口，具有一定的油性。

习性，生长环境

榛树耐寒，喜光，喜湿润的气候，对土壤的适应性强。目前全国榛树大部分为野生品种，仅在河北辛集有规模化种植。榛子是我国东北地区重要的土特产之一，与核桃、杏仁、腰果一起，统称为“世界四大干果”。

二、营养及成分

榛子富含蛋白质、糖类、脂质、维生素和矿物质元素等，特别是维生素B_1、维生素B_2、维生素E和胡萝卜素含量比其他坚果丰富，其钙、铁、磷等元素含量也高于其他坚果。榛子中的脂质大部分为不饱和脂肪酸，其氨基酸种类齐全，包含8种必需氨基酸。除此之外，榛子还含有β–谷甾醇和多元酚等多种对人体健康有益的生物活性物质。

三、食材功能

性味 味甘，性平。

归经 归脾、胃、肝经。

功能

（1）抑菌和抗病毒。榛子富含的生物活性物质——鞣质，可以有效地抑制细菌生长和菌斑形成。另外，鞣质不仅可以抑制乙型肝炎病毒（HBV）在细胞中的生长，还可以有效地杀灭乙肝病毒并抑制其吸附细胞。

（2）抗氧化。榛子富含鞣质类化合物、多元酚、儿茶素苄硫醚、β–谷甾醇等多种具有抗氧化活性的生物活性物质。其中，儿茶素苄硫醚对脂质过氧化酶具有较强的抑制能力，β–谷甾醇对氧自由基具有较强的抑制作用，也可作为天然油脂的抗氧化剂。

（3）预防心血管疾病。榛子中的大部分脂质为单不饱和脂肪酸，可以降低血液中的血胆固醇和低密度脂蛋白含量，从而可以预防心血管疾病，降低患心脏病的风险。

（4）补脑益神。榛子中富含的不饱和脂肪酸可以被人体消化吸收，并代谢生成卵磷脂（DHA）。卵磷脂被誉为“脑黄金”，可以促进大脑发育和脑神经纤维髓鞘的形成，可以有效地提高大脑的判断力、记忆力，并有利于保护视神经等。

四、烹饪与加工

榛仁巧克力

将榛仁烤制后添加到巧克力中，即可制得如榛仁巧克力棒、榛仁巧克力片、榛仁巧克力球、榛仁巧克力块、榛仁巧克力涂层食品等榛仁巧克力加工制品。

榛仁巧克力

榛仁蛋糕

在蛋糕中添加一定量的榛仁碎或榛仁片等，经烤制，可制成榛仁蛋糕。

榛子酱

榛子可被用来与巧克力酱混合，制成巧克力榛子酱。榛子酱可作为食品辅料添加到蛋糕、饼干、冰激凌和糖果等中进行调味。

榛子油

榛仁中含有的优质油脂有利于人体健康。榛仁经脱皮、破碎、压榨等工艺加工提取的榛子油是一种高级食用烹调油，是近年来出现的新型榛子加工产品。榛子油主产于土耳其、意大利、法国等，目前我国也有榛子油生产，还开发出榛子油胶囊等产品。

五、食用注意

（1）榛子性滑，泄泻便溏者不宜多食榛子。

（2）榛子含油量较高，储存时间过久不宜食用。

（3）榛子油脂含量较高，会加重肝胆负担，因此肝胆功能严重不良者不宜食用榛子。

王母娘娘吃榛子

传说在花果山上有各种各样的果子，其中，有一种果子叫金果。金果长在碧绿的灌木丛中，一簇一簇的。金果变黄的时候，便滚落下来，圆圆的，泛着金黄色的光泽，看起来非常诱人。只要砸开金色的外壳，就会露出金色的果仁。果仁非常香脆，营养价值也非常高。

那一年的蟠桃盛会，很多神仙都带着珍贵的礼物给王母娘娘拜寿，孙悟空便拎着一篮子金果当贺礼。王母娘娘见到金黄的果子，迫不及待地拿出一枚放在嘴里品尝，此后便一发而不可收，吃了一枚又一枚，一会工夫就把一篮子金果吃掉了一半。当众仙臣推杯换盏的时候，只见王母娘娘的鼻下、襟前有滴滴血迹，众仙臣惊慌失措，王母娘娘勃然大怒，命令立刻捉拿孙悟空，并吩咐侍女把孙悟空送来的剩余半篮子金果全都丢出去。掉落在人间的金果，便长成了棵棵榛树。虽然榛子好吃，但人们从来不敢多吃，因为吃多了会流鼻血。

榧子

彼美玉山果，粲为金盘实。
瘴雾脱蛮溪，清樽奉佳客。
客行何以赠，一语当加璧。
祝君如此果，德膏以自泽。
驱攘三彭仇，已我心腹疾。
愿君如此木，凛凛傲霜雪。
斫为君倚几，滑净不容削。
物微兴不浅，此赠毋轻掷。

——《送郑户曹赋席上果得榧子》
（北宋）苏轼

一、物种本源

拉丁文名称，种属名

榧子（*Torreya grandis* Fort. ex Lindl.），为红豆杉科榧树属乔木榧树的种子，又名香榧、玉榧、榧实、柀子、赤果、玉山果等。

形态特征

榧子为两头尖、橄榄状的椭圆形坚果。果实成熟后，外果皮呈紫褐色或黄褐色，内部果仁为黄白色，有股淡淡的香气。

习性，生长环境

榧树生长于温暖湿润的黄壤、红壤及黄褐壤地区。我国是榧树的原产地之一，其主产区在长江以南、南岭以北及西南地区。目前，榧树按品种分为香榧（有厚壳和薄壳之分）、米榧、圆榧、雄榧、芝麻榧、钝头

榧 树

榧6种，其中我国境内分布有3种，香榧是其中最优良的品种，并且只产于我国。

二、营养及成分

榧子的营养价值较高，每100克榧子中，大约含有脂质44%、蛋白质10%、碳水化合物29.8%和粗纤维6.8%等。其维生素和矿物质含量也十分丰富，如含有维生素A、维生素B_1、维生素B_2、维生素E、泛酸，以及钙、铁、磷、镁、钾、钠、铜、锌等元素。而且，榧子富含柠檬醛、生育酚和茅樟脂等多种生物活性物质；不饱和脂肪酸含量达到总脂质含量的79.4%，以棕榈酸、金松酸和亚麻酸为主。

三、食材功能

性味 味甘，性平。

归经 归肺、胃、大肠经。

功能

（1）治疗虫积腹痛。食用榧子可以去除肠道寄生虫，榧子对蛔虫、钩虫、蛲虫、片姜虫等具有一定的毒性，可用于治疗寄生虫引起的腹部疼痛。

（2）预防心血管疾病。榧子中富含的优质脂肪酸可以有效地软化血管，降低胆固醇和血脂含量，降低高血压、动脉硬化等心血管疾病的患病风险。

（3）健胃消食。榧子富含优质植物油，可以改善肠胃功能状态，促进肠胃蠕动，增加食欲，健脾益气。

（4）保护视力。榧子中富含的维生素A，可以预防和缓解夜盲、易流泪和眼干涩等症状。

（5）润肠通便。榧子中含有的优质脂质，可以润肠通便，有助于体内毒素的排出。

四、烹饪与加工

炒制榧子

榧子传统的制作工艺为炒制，由专业炒制工厂用木炭以文火烘焙加工。“双炒法”是20世纪70年代采用的方法，即先将榧子放入砂中翻炒一次，过筛后放入盐水中浸渍，捞出再放入砂中翻炒。80年代后期，炒制方法逐渐发展为脱壳盐炒、带壳盐炒和带壳淡炒等。

榧子糕点

榧子炒制完成后，可以制成榧子粉，可进一步加工制作成香榧糕和香榧酥等。

香榧酥

榧子榨油

榧子中富含油脂，以榧子为主要原料榨出的植物油色泽金黄，具有淡淡的果香味。

榧子香料

榧子具有独特的香气，可以用榧子为原料加工制作浸膏、明膏和芳香油等香料，其产品畅销全国。

五、食用注意

（1）榧子脂质含量高，易滑肠，大便稀溏者不宜食用榧子。

（2）榧子有促进子宫收缩的作用，孕妇不宜多食。

（3）素有热痰者，不宜食用榧子。

传说故事

西施巧计破壳尝榧子

传说西施小时候，与邻里姐妹们一道去城里玩耍。她们走进一家干货店，见店里南北山货琳琅满目。其中一堆干果上插着一个标签，上面写着“香榧”两字。

关于香榧，小姐妹们都知道它是诸暨特产，可是谁也没尝过，其中一位小姑娘嘴快，问了一句：“多少钱一两?”店主欺负她们是小姑娘，指嫩力薄，便笑道：“你们谁要是能用两个手指头揿破香榧壳，我就随你们吃，不要钱!”姑娘们听了，争先恐后拿起香榧来揿，但是用尽了吃奶的力气也揿不破香榧壳。

这时，聪明的西施仔细看了看香榧，见香榧壳上生着两个白点，好像是两只眼睛偷偷地在朝她看，仿佛在对她说，捏住我，用力揿。西施心领神会，用食指和拇指轻轻一捏，香榧壳“啪”的一声裂开了缝。店主笑呵呵地说：“还是这位姑娘聪明，你们随便尝吧。”原来香榧外壳上的两个点叫作“香榧眼”，只要捏住“香榧眼”，用力一揿，中缝自然就裂开了。

松子

壳坚于石，色白于雪。仁在其中，香味清绝。
况之松子，格韵度越。庭前柏树，视此亦劣。
松柏著土，其子乃结。此仁无根，更何所著。
松柏有种，有枯有活。此仁无种，生生不灭。
天不能灾，人不能伐。
吾欲令此仁普偏博，吾欲令此仁取不竭。
家家且足，可采可撷。人人圆成，可咀可嚼。
初无奥旨，亦无秘诀。
不假思量，何劳论说。个中浑全，了无分别。
仰见高山兮，石洞之穴。
俯此清泉兮，万古不个。

——《石松子》（南宋）袁甫

一、物种本源

拉丁文名称，种属名

松子，为松科松属植物红松（*Pinus koraiensis* Siebold & Zucc.）、白皮松（*Pines bungeane* Zucc. ex Endl.）、华山松（*Pinus armandii* Franch.）等松树的种子，又称松子仁、罗松子、海松子、红松果等。

形态特征

松子颗粒小，壳光滑，多为褐色或棕色，果仁呈白色，形似蒜瓣。

习性，生长环境

松树喜光，抗旱能力强，常生长于冷凉湿软气候及有酸性土的山坡地带。我国的松子产地主要分布于东北、云南等地。松子可以分为东北松子、落水松子和巴西松子3种。东北松子是主要分布在东北的红松的果实，松子生长周期长，且营养丰富。野生红松需要生长50年才能结子，且果实的成熟期大约需要2年。落水松子也被称为云南松子，主要产于云南、四川、贵州等地。进口的巴西松子是高端休闲食品，具有风味特别和营养丰富的特点。

二、营养及成分

松子的营养价值丰富，据统计，每100克松子仁中，含有63.5%的脂肪、16.7%的蛋白质、9.8%的碳水化合物，以及钙、磷、铁等矿物质和多种维生素。每100克松子部分营养成分见下表所列。

磷	569毫克
钾	502毫克

维生素E	32.8毫克
钠	10.1毫克
锰	6毫克
锌	4.6毫克
铁	4.3毫克
维生素B_3	4毫克
铜	1毫克
维生素B_2	0.3毫克

三、食材功能

性味 味甘，性平。

归经 归肝、肺、大肠经。

功能

（1）祛病强身。松子中富含的油脂以亚油酸、亚麻酸等不饱和脂肪酸为主，而不饱和脂肪酸是组织细胞、脑髓和神经细胞的主要成分之一。经常食用松子可以有效促进患者病后恢复和幼童生长发育。

（2）预防心血管疾病。松子中的脂肪成分主要为不饱和脂肪酸，可以软化血管，有效增强血管弹性并维持毛细血管的正常状态，有利于预防冠心病、高血压等心血管疾病。

（3）润肤养颜，乌发美容。松子富含多种营养物质和不饱和脂肪酸，可以补气益血、滋养五脏、养颜美白。

（4）润肠通便。松子能润肠通便，缓泻而不伤正气，对小儿津亏便秘和老人体虚便秘有一定的食疗作用。

（5）其他作用。松子含磷较多，对大脑和神经有补益作用，是健脑佳品。松子对风湿性关节炎、支气管哮喘、老年慢性支气管炎、神经衰弱和头晕眼花等病症具有辅助治疗作用。

四、烹饪与加工

松子糕

（1）材料：松子、低筋面粉、鸡蛋、白砂糖等。

（2）做法：将松子剥壳，炒熟；将鸡蛋加入白砂糖用打蛋器打发，加入低筋面粉搅拌均匀后置于烘焙模具中，撒上炒熟的松仁，放入预热的烤箱中烤制即可。

鸡油玉米炒松仁

（1）材料：松仁、玉米、胡萝卜、毛豆等。

（2）做法：热锅中放入鸡油，等油热后将预先焯熟的玉米、胡萝卜和毛豆等加入翻炒一段时间，再加入松子，辅以少许盐等作料，继续翻炒，炒匀后出锅，晾凉即可。这道菜肴营养丰富，且具有润燥止咳等功效。

松子糕

鸡油玉米炒松仁

松子粥

（1）材料：松子、粳米等。

（2）做法：松子20克粉碎，粳米100克洗净，一同入锅后大火煮沸，继续熬制半小时。早晚食用，对女性健康有益。

松子油

松子含油量高，可以制成松子油，常见工艺包括溶剂浸提、压榨、超临界或微波辅助提取等。

松仁乳酸发酵饮料

松仁经打浆、调配、均质、杀菌、冷却后，接种嗜热乳酸链球菌、保加利亚乳酸杆菌发酵，发酵液经均质后再灌装、杀菌和包装即为成品。该款饮料口感细腻、酸甜适中、不油不腻，饮后口中持久留香，是适宜多种人群饮用的佳饮。

五、食用注意

（1）脾虚便溏者暂勿食用松子。

（2）湿痰者暂勿食用松子。

（3）松子含油量高，不易消化，胆囊摘除者不可食用。

（4）松子不宜多吃，尤其是儿童，容易造成消化不良。

传说故事

赵瞿吃松子治愈癞病

传说，汉朝时，山西有个乡民叫赵瞿，因为得了癞病，身上溃烂流脓，臭秽难闻，病重到奄奄一息。当地的村民怕被传染，十分嫌恶他。家人无奈，就给赵瞿准备了一年的干粮和一大缸水，将他抬进深山石洞中，任其自生自灭。赵瞿心中悲痛无比，却又无力反抗，日夜以泪洗面，哭泣不停。

赵瞿硬撑着活了100多天，这天半夜忽然听到3位仙人在洞口谈话。这3位仙人发现了赵瞿，其中一位仙人就问他是什么人。赵瞿就大哭着讲述了自己悲惨的人生经历，希望神仙们能救助他。只见那3位仙人如云似烟般地飘进了石洞中，给了赵瞿一些用松子练成的丹药。从这天开始，赵瞿就只吃这些松子丹药，果然吃了一半，癞病就好了，皮肤恢复如常，此后他又继续服用了一段时间。

不久后，赵瞿身体也变得强壮了，就下山回家。他继续吃松子，使得身体十分强健，直到70岁时，牙齿还很好用，头发还是黑的。

巴旦木

异域移来一品豪，昆仑山下胜仙桃。
人间常食臻长寿，为药通神疗效高。

——《赞巴旦杏仁》
（现代）陈文林

一、物种本源

拉丁文名称，种属名

巴旦木（*Amygdalus communis* Lamarck.），为蔷薇科桃属乔木巴旦木树的果实，又名扁桃、扁核桃、巴达木、巴旦杏、婆淡树等。

形态特征

巴旦木为卵形或宽椭圆形。表面具蜂窝状孔穴，壳硬，为黄白色至褐色；长2.5～4厘米，顶端尖，基部为斜截形或圆截形；两侧不对称，背缝较直，腹缝较弯，具有尖锐的龙骨状突起，沿腹缝线有不明显的浅沟或无沟。

习性，生长环境

巴旦木树喜温，耐旱，对土壤的适应性很强，适宜在大陆性气候、旱晚温差大、日照时间长、土壤比较干旱的地区生长。巴旦木树不仅适合在大陆性气候条件下生长，还适合在地中海气候条件下生长，如美国的加州中部就非常适合种植巴旦木树。我国巴旦木主要产于新疆等地，天山以南喀什绿洲的疏勒、英吉沙、莎车、叶城等县是重要的产地。

二、营养及成分

巴旦木是营养丰富的珍贵果品。每100克巴旦木仁中，脂质占55%～61%、蛋白质占28%、碳水化合物占10%～11%。巴旦木中还含有胡萝卜素、维生素B_1、维生素B_2等多种维生素，钙、镁、钠、钾等18种矿物质，以及杏仁素酶、消化酶等生物活性物质。此外，其脂肪含量也较高，其中不饱和脂肪酸占脂肪酸总量的92.3%。在不饱和脂肪酸中，以单不饱和脂肪酸——油酸的含量最高（75.9%），其次是亚油酸（15.6%）、棕榈油酸（6%）。

三、食材功能

性味 味甘，性平。

归经 归肺、心、肾、肝经。

功能

（1）美容养颜。巴旦木富含维生素E和类黄酮，这两种物质具有较强的抗氧化作用，可以有效地减少自由基对人体的氧化损伤，可美容养颜、延缓衰老。

（2）预防心血管疾病。巴旦木中富含优质脂肪酸，可以降低血液中甘油三酯和胆固醇的含量，减少冠心病等心血管疾病发病的风险。

（3）润肠通便。巴旦木可以增加肠道有益菌的数量，促进大便排出，改善肠道功能。

（4）有利于控制体重。食用巴旦木仁可以增强人体饱腹感，有助于减少其他高热量食品的摄入。巴旦木中所含的膳食纤维能降低脂肪吸收率，因此，适量食用有助于控制体重。

（5）其他作用。巴旦木中含有的黄酮甙、苦内脂，对脑血栓、脑功能减退、高血压和高血脂等疾病，具有特殊的预防效果。

四、烹饪与加工

巴旦木休闲食品

以巴旦木果仁为主要原料，可以加工制作巴旦木仁面包、巴旦木仁糖果、巴旦木仁果脯和巴旦木仁冷饮等各式各样的休闲食品；还可以利用未成熟的巴旦木果皮，加工成果干、蜜饯和果酱。

巴旦木乳糖

巴旦木酥饼

巴旦木仁油

巴旦木仁含有大量的优质油脂，可以作为一种油料作物进行榨油。

巴旦木油粕产品

巴旦木仁进行压榨后形成的油粕，富含大量的蛋白质（约50%），将其干燥磨成粉，可用作巧克力、巴旦木乳和香料的制作原料。

巴旦木仁油

巴旦木功能性饮料

目前，市场上有一种通过巴旦木与番茄复配制成的功能性饮品，其风味独特且营养丰富。另外，巴旦木经去皮、挤压、胶磨等工艺加工后，可制成巴旦木乳浊液，再加入乳酸菌，可加工成具有一定保健功能的巴旦木植物蛋白发酵饮料。

五、食用注意

（1）容易便秘和湿热者暂勿食用巴旦木，否则容易上火，加重病症。

（2）减肥者和过胖体质者宜少食巴旦木。适量食用巴旦木可以控制体重，但过多食用则会使体重增加。

（3）以往有食物过敏反应病史者，要谨防过敏反应，第一次吃巴旦木时要格外小心，进食量不宜过多。

（4）巴旦木久存会产生哈喇味和霉味，因此过期的巴旦木不宜食用。

延伸阅读

和田有一棵“总理巴旦木”

位于和田市西郊的肖尔巴格乡库木巴格村，有一棵树龄近60年的巴旦木树，是闻名遐迩的“明星树”。

乍看上去，这棵巴旦木树平凡无奇，没有丝毫的特别之处。可就是这样一棵平凡无奇的树，却在2006年入选了《中华古树名木大型画册》。这是为什么呢？究其原因，还要从此树的来历说起。

1965年，时值新疆维吾尔自治区成立10周年之际，周恩来总理亲临新疆视察。视察期间，周总理深入和田、喀什、乌鲁木齐、石河子等地的农村、工厂、机关、学校参观，与新疆各族人民亲切交谈。除深入了解新疆地区10年来的建设发展情况并提出了新的要求外，他还对当地的人文风俗产生了浓厚的兴趣。

在和田地区视察时，他看到维吾尔族群众的服饰等生活用品上，到处都装饰着巴旦木的图案，随后他又了解到，巴旦木不仅营养丰富，还被新疆少数民族誉为“圣果”。

于是，在随行人员和当地群众的陪同下，周总理在库木巴格村亲手种下了一棵巴旦木树，以表达自己对当地少数民族群众的美好祝福。

这棵树不仅留下了周总理的美好祝福，还留下了他对新疆这片土地的深深牵挂。就在周总理弥留之际，他仍旧念念不忘自己当年亲手种下的这棵巴旦木树，更加念念不忘新疆的各族人民。

时间如白驹过隙，转瞬即逝。虽然周总理已离去多年，但库木巴格村的各族人民始终没有忘记周总理。多年来，他们一直精心照料这棵巴旦木树，并亲切地称它为“总理巴旦木”。

如今，“总理巴旦木”年近六旬，依旧苍劲茂盛，枝繁叶茂。每到炎炎夏日，人们总会不约而同地聚集在“总理巴旦木”树下，唱歌跳舞，借以怀念曾经亲手种下此树的周恩来总理。

杏仁

胡儿处处路傍逢，别有姿颜似慕容。
乞得杏仁诸妹食，射穿杨叶一翎风。

——《上谷边词四首（其一）》（明）徐渭

一、物种本源

拉丁文名称，种属名

杏仁，为蔷薇科杏属落叶乔木山杏（*Prunus armeniaca* L. var. ansu Maxim.）或杏（*Prunus. armeniaca* L.）的种子，又名杏子、杏核仁、苦杏仁、木落子、杏梅仁等。

形态特征

杏仁分为苦杏仁和甜杏仁两类。苦杏仁长1~1.9厘米，宽0.8~1.5厘米，厚0.5~0.8厘米，多数呈扁圆形，少数为扁平状，表面颜色偏浅，主要为深黄色或棕黄色。甜杏仁偏大，主要呈扁长圆和扁圆状，表面颜色为浅黄色或略带红色、浅红色。

习性，生长环境

杏树耐旱，耐寒，耐贫瘠，抗盐碱。杏仁在我国主要产于东北、华北和甘肃等地。苦杏仁以野生居多，主要分布在我国北方（又名“北杏仁”），味苦，多作药用；南方产的杏仁则多属甜杏仁（又名“南杏仁”），味道微甜、细腻，多用于食用。

二、营养及成分

杏仁富含蛋白质、脂肪、矿物质和维生素，如钙、铁、锌、铜、钾等，以及胡萝卜素、维生素B_1、维生素B_2、维生素B_3、维生素E和维生素C等。此外，杏仁中还含有多种生物活性物质，如杏仁球蛋白质、水苏糖。而且，杏仁中氨基酸的种类较多，可以与谷物氨基酸互补。每100克杏仁主要营养成分见下表所列。

脂肪	50.6克
蛋白质	21.4克
粗纤维	8.4克
碳水化合物	8.2克
钾	106毫克
磷	27毫克
维生素C	26毫克
维生素E	18.5毫克
硒	15.7毫克
钠	8.3毫克
锌	4.3毫克
维生素B_2	0.6毫克

三、食材功能

性味 味甘、苦，性温，有小毒。

归经 归肺、脾、大肠经。

功能

（1）美容护肤。杏仁中含有丰富的维生素E，具有防晒作用，有助于滋养皮肤；食用杏仁或将杏仁磨成粉末后，涂抹于面部，可祛痘和去除痘印。

（2）护发养发。杏仁中含有丰富的维生素D、维生素E、钙和镁等成分，可以补充头发所需的养分，有去除头皮屑、防止脱发等功效。

（3）调节血压。杏仁含有丰富的钾元素，有助于调节血压，而钠含量较低，有利于控制血压波动。杏仁所含的维生素和其他矿物质也对血压具有正向调节作用。

（4）增强消化系统功能。杏仁富含纤维，苦杏仁质润多脂，具有促进消化的作用，有助于排除身体毒素，保持排便规律。

（5）抗脑缺血。苦杏仁中含有的生物活性物质苦杏仁苷，对脑缺血状态下细胞色素氧化酶的活性有促进作用，因此具有明显的抗脑缺血作用。

（6）预防高血脂等疾病。杏仁油中的脂肪酸在人体内不仅不会产生脂肪积累，而且还可以降低血清胆固醇和低密度脂蛋白的含量，有利于软化血管，具有预防高血脂等疾病的功效。

（7）排毒去火。杏仁中含有丰富的纤维素，有利于胃肠的蠕动，可以去除体内的火气，排出体内毒素，尤其是便秘患者，吃杏仁效果明显。

四、烹饪与加工

杏仁健胃消食粥

（1）材料：杏仁、核桃仁、黑芝麻、党参、枸杞、粳米、薏米、小茴香、姜末等。

（2）做法：将薏米洗净后浸泡2小时，党参切薄片与洗净的粳米一起下锅，加水1升后煮沸，然后放入杏仁、枸杞等其他材料，小火熬30分钟左右，出锅即可。

猪肉蜜枣杏仁汤

（1）材料：杏仁、猪肉、蜜枣、生姜、盐等。

（2）做法：将猪肉洗净切块，冷水下锅，放入杏仁、蜜枣、生姜等材料，大火炖煮，撇去浮沫，然后小火慢煲60分钟，加入盐等调味料即可。

杏仁乳

将熟杏仁提前浸泡，放入榨汁机中加入适当比例水和糖等榨成糊状，也可根据个人喜好，加入红枣等一同榨汁，用滤网过滤后即可得到一杯香甜可口的杏仁乳饮品。

杏仁乳

杏仁香片

杏仁香片

将奶油、糖粉、鸡蛋打散，加入低筋面粉和杏仁片一起搅拌均匀，即为杏仁面团，整形成长条后放入冰箱冷冻至稍硬，切成片状，再置于烤箱中烤至酥脆即可。

五、食用注意

（1）杏仁有微毒，尤其是苦杏仁，其含有少量的氢氰酸，多食易中毒。

（2）阴虚咳嗽者不宜食用杏仁，大便溏泄者也不宜多吃杏仁。

（3）婴儿应谨慎食用杏仁，糖尿病患者、湿热体质人群应忌食。

传说故事

杏仁的故事

一天清晨，东汉名医董奉前往一个山村出诊。他刚出门不久便碰上一群抬着滑竿的人。其中一人上前，对董奉说：“董真人，我家大哥肚子胀痛难忍，一夜未睡，痛得汗湿被巾，我们几个正抬着他打算去杏林园请您诊治。”董奉走近竹椅为病人号脉，并让他张嘴伸舌以便查看，然后，他用手指着来人的方向说道：“往前走二里地，路旁有一家杏林酒店，你们去要一盘清炒山药、一盘薤白炒鸡蛋、一盘红烧鸭肫，再叫上二两杏仁，让你大哥吃完之后休息片刻，之后他就不用你们抬了。”董奉说完之后便继续赶路。其他人依照董奉的话前往杏林酒店。

病人一夜折腾，本已虚脱无力，饭菜下肚，便慢慢提起了精神，不一会儿工夫，便将饭菜一扫而光，接着便不停地排气，之后内急，到酒店茅厕痛快地解决了一番，腹痛全消，神清气爽。

开心果

通神坚果出波斯，辗转千番入境迟。
举世皆云甘旨贵，可怜碧树有奇姿。

——《开心果》（现代）关行邈

一、物种本源

拉丁文名称，种属名

开心果（*Pistacia vera* L.），为漆树科黄连木属落叶小乔木阿月浑子的果实，又名无名子、阿月浑子、绿仁果、必思答等。

形态特征

开心果呈椭圆形或宽椭圆形，略扁平，宽约1厘米，长1.3~2.2厘米。顶端较尖，表面有轻微扭曲的棱状条纹和断续的点状突起。外果皮容易开裂。种子表皮为紫红色和灰棕色，表皮下的果仁呈现绿色或淡绿色。

习性，生长环境

阿月浑子具有耐旱、抗热、抗盐碱地等特性。阿月浑子原产于地中海地区和亚洲西部地区。阿月浑子在我国主要分布于新疆、山西和山东等地，其中新疆喀什地区的莎车、英吉沙、疏附等地是我国开心果的主要产区。目前我国栽植的主要有长果和短果两个品种。

二、营养及成分

开心果果仁营养丰富，每100克开心果中，含有45.4%的脂质、20.3%的蛋白质、24.5%的碳水化合物。除此之外，开心果还富含人体所需的各种维生素与矿物质，如维生素A、叶酸、钠、铁、磷、钾等。

三、食材功能

性味 味甘，性温。

归经 归肺、脾经。

功能

（1）抗菌消炎。经常食用开心果果仁，有助于肾炎、肝炎、肺炎、胃炎等炎症的治疗。其抗菌消炎的主要成分为三萜皂苷类物质七叶皂苷，具有很好的抗炎作用。

（2）预防心血管疾病。开心果富含不饱和脂肪酸，对人体心血管具有保护作用。此外，开心果含有大量的精氨酸，可以有效降低人体血液中的胆固醇和血脂含量。开心果中的生物活性成分——七叶皂苷，可以帮助恢复毛细血管的通透性、增强静脉张力和改善血液循环。因此，多食用开心果可以降低心血管疾病的患病风险，例如冠心病等。

（3）抗氧化。开心果果衣中富含的花青素，以及果仁中富含的叶黄素，均是很好的天然抗氧化剂。

（4）润肠通便。开心果的油脂含量比较高，可以润肠通便，有利于机体排毒。

（5）保护视力。开心果果仁富含大量的叶黄素，可以有效地缓解视疲劳，并保护视网膜。

四、烹饪与加工

开心果风味酥皮奶油卷

开心果风味酥皮奶油卷

（1）材料：开心果、冷冻酥皮、淡奶油、白砂糖等。

（2）做法：将开心果剥壳，碾碎备用；将冷冻酥皮切长条，裹在卷筒模具上放入烤箱中烤15分钟定型。将淡奶油中加入白砂糖打发成奶油霜，加入碾碎的开心果仁，轻轻搅拌均匀，挤入烤好的酥皮卷中，再在表面撒上一层开心果仁即可。

开心果鸡肉沙拉

（1）材料：开心果果仁、鸡肉、葡萄、小葱、柠檬汁、酸乳酪等。

（2）做法：选用优质的开心果果仁，先将其炒熟后碾碎，然后与鸡肉、葡萄、小葱等一同拌匀，最后加入柠檬汁和酸乳酪调味，即得到一道营养低脂的佳肴。

开心果燕麦蛋白饮料

以开心果、燕麦为原料；开心果果仁经挑选、漂洗、浸泡、磨浆和过滤后制成开心果乳液；将干燕麦粉碎、过筛，加热预糊化，再经α-淀粉酶酶解过筛后和开心果乳液混合调配，可制成开心果燕麦蛋白饮料。

开心果果仁饼干

将开心果果仁、全脂奶粉、鸡蛋等原料倒入和面机，搅拌均匀，加入低筋面粉和水，加工成型，再放至烤箱中进行烘烤，出炉后冷却即可。

开心果果仁饼干

五、食用注意

（1）开心果不宜过多食用，多食易造成消化不良和肠胃滞气。

（2）开心果脂肪含量较高，肥胖者不宜多食。

（3）有腹泻便溏、痰火炽热、虚火旺盛等症状者，不宜食用开心果。

延伸阅读

开心果的美丽传说

如果有人问，坚果家族的老前辈是谁？那一定非开心果莫属。考古学家在土耳其找到一个距今9000年的古村落遗址，在遗址中发现了残存的开心果，证实了早在9000年前，土耳其人就已经开始食用这种美味的坚果了。

中东各国还流传着一种美好的习俗。他们相信，一对深深相爱的恋人，如果在月圆之夜相约在开心果树下，听见成熟的开心果裂开时的“啵啵”声响，他们将会得到幸运之神的眷顾，白头到老。从古至今，开心果不仅是伊朗重要的经济作物，而且在中东地区更有着不可动摇的崇高地位，当地人称之为“沙漠的绿金”。由于成熟的开心果的果子都微微张着嘴，像一个人开心地咧着嘴笑，因此人们称之为“开心果”，这就是开心果名字的由来。开心果以“开心解郁”的功效著称，是现代人生活中十分常见的休闲干果。

腰果

含油带药却生香，佐酒千杯远未央。
口腹之欢难餍足，须防微毒此中藏。

——《腰果》（现代）关行邈

一、物种本源

拉丁文名称，种属名

腰果（*Anacardium occidentale* Linn.），为漆树科腰果属常绿小乔木或灌木腰果树的果实，因其果呈肾形而得名，又名鸡腰果、介寿果、树花生等。

形态特征

腰果分为梨果和坚果两个部分。人们习惯把由花托形成的扁棱形或卵圆形的上半部分称为“假果”，因其外形似梨，又被称为“梨果”；可食部分是下半部分被称为“真果”的果仁，真果一般生长于假果的顶端，果壳坚硬，内部为鸡腰子状的青灰色果仁。

习性，生长环境

腰果树适应性强，喜温，喜阳，耐干旱、贫瘠，不耐寒，具有一定的抗风能力，对土壤要求不高，在海拔400米以下生长为宜。腰果树种植后2年开花，3年结果，8年后进入盛果期，盛果期为15~25年。腰果原产于巴西东北部、南纬10°以内的地区，16世纪引入亚洲和非洲，现已遍及东非和南亚各国。在我国，腰果树主要分布在海南和云南，广西、广东、福建、台湾也有引种。

二、营养及成分

腰果富含多种营养成分，每100克腰果中，含有44.8%的脂质、21%的蛋白质、26.7%的碳水化合物和6.9%的膳食纤维等。其中，维生素A、维生素B_1、维生素B_2、维生素B_3、维生素B_6、维生素C、维生素E等维生素，以及钾、钙、镁、锌、铜、硒、铁等矿物质含量也很丰富。尤其是维生素B_1，其含量仅次于花生和芝麻。

三、食材功能

性味 味甘，性平。

归经 归心、脾、肾经。

功能

（1）安神补肾。食用腰果可安神、补润五脏、补肾强身，适用于肾虚、腰膝酸软等症。腰果果壳液有助于麻风病、癣、橡皮病等的辅助治疗。腰果树皮浸酒后可用于糖尿病、高血压、牙病等的辅助治疗。

（2）催乳。腰果有助于产妇分泌更多的乳汁，适合产妇食用。

（3）提高免疫力。经常食用腰果可以提高机体免疫力，消除疲劳，增强体质，而且腰果中富含的优质脂质和维生素A可以润肠通便、滋养肌肤、美容养颜、延缓衰老。

四、烹饪与加工

鸡油芹菜木耳炒腰果

（1）材料：腰果、芹菜、木耳、鸡油、盐等。

（2）做法：芹菜和木耳预先焯水，热锅中放入鸡油，等油热后加入芹菜和木耳翻炒一段时间，再加入腰果，辅以少许盐等作料，继续翻炒，炒匀后出锅，晾凉即可。这道菜肴具有润燥止咳等功效。

鸡油芹菜木耳炒腰果

盐焗腰果

（1）材料：腰果、食用油、盐等。

（2）做法：将准备好的生腰果放入

盐焗腰果

盐水中略煮一下，浸泡半小时左右，捞出晾干。冷锅倒入食用油，再倒入腰果，小火慢慢滑炒。炒制期间一定要用小火，不停翻炒，直到腰果表面颜色变成金黄色为止，关火。捞出沥干油，撒盐，拌匀晾凉即可。

腰果酥

（1）材料：腰果、低筋面粉、奶粉、鸡蛋、食用油、糖、无铝泡打粉等。

（2）做法：将鸡蛋打成蛋液。将食用油倒入大盆中，加入糖、奶粉和三分之二的蛋液，用打蛋器打匀。筛入低筋面粉和无铝泡打粉，加适量水和成面团。将面团揉成圆球状，顶部放入腰果按压入面团中，表面刷剩余的蛋液。最后将面团放入铺有油纸的烤盘中，置入烤箱内，在175℃下烤30分钟后冷却即可。

五、食用注意

（1）有食物过敏反应病史者，首次食用腰果时要格外小心，进食量不可过多。

（2）大便溏泄者，暂勿食用腰果。

（3）腰果油脂含量高，胆功能严重不良者不宜多食，多食会加重胆囊负担。

（4）腰果所含热量高，减肥或肥胖者少食为宜，多食易发胖。

（5）贮存过久的腰果会产生哈喇味，不可食用。

传说故事

腰果的由来

相传，明永乐年间，西安干旱，三年不下雨。一日，负责行风雨的泾河老龙王化作一书生来到长安闲游，见到一道士在卖卦，便上前有意捉弄，向这个道士买卦，卜问西安何日有雨。道士一本正经地告诉泾河老龙王：“今夜子时天作变，东南有块乌云起，西北有片紫云上，乌、紫二云两搭界，明日日出卯时定有雨奔下方。”泾河老龙王一听，心想，我主行风雨，还未接到天上玉皇大帝颁发的下雨御旨，就是有御旨，我将雨偷下到山东，偏不下在西安，便坚定地对道士讲：“不可能！”道士说：“先生敢打赌吗？”泾河老龙王道：“当然可以！”道士追问道：“赌什么？”泾河老龙王说：“赌你我肩上的头。”道士道：“请先生今晚早点休息，戌时梦中听御旨，不知先生意下如何？”泾河老龙王斩钉截铁地说：“当然可以。”

当夜戌时，泾河老龙王果然接到降雨御旨。虽然泾河老龙王将雨偷下到山东，但因雨量过大导致黄河水倒流，水漫西安城。因为泾河老龙王有违御旨，论罪当死，玉皇大帝遂命天兵天将于五月初五午时三刻用菖蒲剑将泾河老龙王斩首，头挂西安城门。而事情到此并未结束，泾河老龙王的三太子为替父报仇，来西安寻找道士。他没找到道士，却找到道士的卦棚和卜卦用的一对形似猪腰的“玉告兆”。三太子先烧了卦棚，后将“玉告兆”用手碾得粉碎扔向南方很远的地方。于是，凡是碾碎的“玉告兆”撒落的地方，便很快长出大树，结出形似鸡腰的果实，人们将这种果实称为“鸡腰果”，又叫“腰果”。

夏威夷果

赤道天生坚果王，奶香滑嫩远传扬。
劝君食药应双用，抗皱延衰体亦康。

——《夏威夷果》（现代）关行邈

一、物种本源

拉丁文名称，种属名

夏威夷果（*Macadamia integrifolia* Maiden & Betche），为山龙眼科澳洲坚果属常绿乔木夏威夷果树的果实，又名澳洲胡桃、澳洲坚果和昆士兰果等。

形态特征

夏威夷果为圆球形状，种仁为米黄色至浅棕色。果皮是革质的，内果皮较为坚硬。

习性，生长环境

夏威夷果树根系分布浅，抗风能力弱，花期为4—5月，果期为7—8月，适宜在气温为15～30℃、年降雨量为1000～2000毫米的地区生长，如在年降雨量1000毫米以下地区种植，则生长速度慢，果实较小且落果严重。夏威夷果树原产于澳大利亚的东南部热带雨林中，现世界热带地区均有栽种，在我国主要栽培于云南（西双版纳、临沧）、广东、台湾等地区，多见于植物园或农场。

二、营养及成分

夏威夷果营养丰富，含9%的蛋白质，富含钙、铁、磷、维生素B_1、维生素B_2以及8种必需氨基酸，以谷氨酸、精氨酸、天门冬氨酸为主。夏威夷果含油量较高，占比69%～80%。在夏威夷果油中，共检测出12种脂肪酸，以棕榈酸和油酸为主。不饱和脂肪酸含量高是夏威夷果的主要优点之一，粗壳种夏威夷果种仁的不饱和脂肪酸含量与饱和脂肪酸含量的比值为4.8∶1。

三、食材功能

性味 味甘、性温。

归经 归肝、肾、大肠经。

功能

（1）降血脂。夏威夷果油中含有丰富的单不饱和脂肪酸，具有双向调节作用，可降低血液中低密度脂蛋白（LDL）胆固醇的含量，维持甚至增加高密度脂蛋白（HDL）胆固醇的含量。因此，适量食用夏威夷果油，有助于降低血液黏稠度，保持人体健康状态。

（2）调节血糖。夏威夷果因含有丰富的单不饱和脂肪酸，不仅可以调节和控制血糖水平、降低血压，还具有改善糖尿病患者脂质代谢等功能；另外，夏威夷果含有丰富的抗氧化剂，可有效限制糖尿病患者体内的过氧化过程。

（3）美化肌肤。夏威夷果油中所含的叶绿素可以促进细胞生长，加速伤口愈合，并且有助于滋养和美化肌肤，减少皱纹。

四、烹饪与加工

夏威夷果油

夏威夷果油

夏威夷果油的提取可采用水剂法，主要的加工工艺流程为挑选果仁、烘烤、研磨、磨浆、兑浆、浸提、离心分离，即可得到夏威夷果油。

夏威夷果蛋白饮料

将夏威夷果果仁炒制后蒸煮，再转移至胶体磨中细磨分离，收集夏威夷果蛋白乳液，再将乳化剂、增稠剂、木糖醇和蜂蜜等加入坚果浆中制成蛋白饮料。这款饮料不但口感佳、稳定性好，具有夏威夷果的独特风味，而且营养丰富，具有抗氧化、降血压、抗疲劳等保健功效。

夏威夷果蛋白饮料

速溶夏威夷果粉

挑选新鲜夏威夷果果仁，清洗干净，自然晾干后，置于100~110℃的烘箱内烘烤20~25分钟；烘烤后的夏威夷果果仁经高速粉碎机粉碎后加水，机械搅拌20分钟，过100目筛，取滤液加水和白砂糖、酪蛋白酸钠、麦芽糊精、明胶、大豆分离蛋白、环糊精、卵磷脂等搅拌至完全溶解，均质乳化所得混合液进行喷雾干燥，制得速溶夏威夷果粉。该产品溶解性好，食用方便，贮藏稳定性高，货架期长。

五、食用注意

（1）夏威夷果比较难消化，不宜多食。

（2）夏威夷果是一种高脂肪、高胆固醇的食物，多食易发胖。

（3）夏威夷果所具有的抗氧化功效在直接开壳食用的情况下效果最佳，故不宜将其烹饪后再食用。

（4）夏威夷果果仁经烘干或油泡后会偏向燥热，易引发上火、咽喉肿痛和痔疮等。

延伸阅读

云南临沧与澳洲坚果

云南红土高原自然气候独特，为澳洲坚果的蓬勃生长提供了广阔的沃土，具有大面积栽植澳洲坚果的优势。经过风风雨雨30多年的发展，临沧已经成为世界范围内澳洲坚果的主要生产基地之一，澳洲坚果产业也已经成为当地发展速度快、种植面积大、独具高原特色的优势产业之一。这一切丰硕的成果都离不开“三十年初心未改”。

澳洲坚果就是我们常说的“夏威夷果”，又被称为“澳洲胡桃”，因其味美且营养丰富，所以具有“坚果之王”的美称。现如今，原产于澳大利亚的坚果已经在我国云南地区广泛种植，种植规模甚至超过了原产地。独特的天然优势，让澳洲坚果能够在临沧生存。

调查数据表明，澳洲坚果产业不断发展壮大，正在把临沧的百姓引向富裕之路。澳洲坚果产业在临沧生存、发展壮大，真正让贫困群众在市场性益贫机制的建设中能有更多的获得感和参与感。经过品牌的创设、产业链的打造、品质的节节提升，产业的核心竞争力不断增强。临沧澳洲坚果产业不仅带领百姓们富裕起来，也把原来的荒山变绿了，这再次印证了习近平总书记“绿水青山就是金山银山”的科学论断。夏威夷果的丰产期可以达到70年，只要适当管理，老百姓以后每年都会随行就市有固定的收益。临沧的澳洲坚果产业不断发展，生机勃勃，给当地无数林农带来了希望。临沧澳洲坚果的种植规模不断扩大，未来将达到300万亩，一定会在打造世界一流坚果品牌的潮流中，不断刷新“幸福纪录”。

沙漠果

硒磷钙铁富其中，健脑生津有殊功。
百尺无枝论水土，雨林大漠竟堪同。

——《沙漠果》（现代）
关行邈

一、物种本源

拉丁文名称，种属名

沙漠果（*Bertholletia excelsa*），为玉蕊科巴西栗属落叶乔木沙漠果树的果实，又名长寿果、巴西果、巴西栗；由于其外观呈三面体、不规则状，与鲍鱼非常相似，因此也被称为鲍鱼果。

形态特征

沙漠果有坚硬的外壳，壳的厚度为0.8～1.2厘米，里面有8～24颗种子。种子呈三角形，长4～5厘米。沙漠果果仁呈白色且富有香气，酥脆可口，回味香浓，长期食用能健脑益智。

习性，生长环境

沙漠果树的生长需要高温天气和深厚而排水良好的土壤。沙漠果原产于南美洲的圭亚那和秘鲁东部等地，目前在我国主要种植于新疆，在福建和台湾也有少量产出。

二、营养及成分

沙漠果营养丰富，其果仁中除含有14%的蛋白质、67%的脂肪和11%的碳水化合物外，还含有胡萝卜素、维生素B_1、维生素B_2、维生素E。此外，果仁中还含有8种必需氨基酸，钙、磷、铁含量也高于其他坚果。其油脂含量最为丰富，约为67%，其中41%是单不饱和脂肪酸，34%是多不饱和脂肪酸，远高于大豆含油量。沙漠果中的镁、硒含量远高于一般食品，是当今已知富含有机硒较高的食物之一。

三、食材功能

性味 味甘、性平。

归经 归肝、肾、大肠经。

功能

（1）健脑滋补。沙漠果富含油酸、亚油酸、亚麻酸等多种不饱和脂肪酸，脂肪酸含量高达67%。长期食用沙漠果不仅可以健脑，还可以防止大脑衰老。沙漠果富含优质油脂，有利于脂溶性维生素的吸收，对体弱、病后虚弱者有很好的补养作用。

（2）保护心血管。沙漠果油脂含量特别高，且多是不饱和脂肪酸，这些不饱和脂肪酸能促进人体内脂肪酸的代谢，也能清除血管壁上积累的胆固醇，能增加血管弹性，延缓血管衰老，对高血脂与动脉硬化等心血管疾病有明显预防作用。

（3）延缓衰老。沙漠果果仁中含有丰富的酚类物质和黄酮类成分，还有一些维生素E等天然的抗氧化成分。这些物质既能抑制人体内氧化反应的发生，又能清除人体内积存的自由基，提高人体各器官的活性，延缓多种衰老症状的发生。

（4）解酒作用。沙漠果含有的有机硒，有助于促进谷胱甘肽合成，帮助减轻宿醉症状，并保护肝脏免受损害。

四、烹饪与加工

香脆可口的沙漠果不仅可作为休闲坚果食用，还可以作为原料，加工制作成沙漠果蛋糕、面包、饼干等美味的点心。另外，沙漠果的果仁粕中蛋白质含量在13.9%左右，为特色蛋白生物活性肽开发提供了优质资源。

沙漠果仁糕

沙漠果饼干

将软化后的黄油与细砂糖、香草精、鸡蛋液，快速打发至均匀的奶糊状；泡打粉和低筋面粉过筛后加入打好的蛋奶糊中，再轻轻地搅拌成松散的面团；加入碾碎的沙漠果和黑芝麻，揉成面团放入保鲜袋中，捏成粗细均匀的圆柱状，放入冰箱冷冻30分钟后切成1~2厘米厚的小片，平铺在烤盘上，预热烤箱至175℃，烤30分钟即制得美味的沙漠果饼干。

沙漠果蛋白饮料

将沙漠果果仁去除赤褐色种皮，用3倍量的水浸泡8~12小时，再加入相当于果仁质量10倍的水进行打浆。打浆温度控制在70~80℃，制得浆液再用胶体磨进行精磨，使其组织内蛋白质和油脂充分析出。浆液用150目筛网过滤，使产品口感更加细腻。加入蔗糖、木糖醇、蛋白糖、脱脂奶粉调配后灌装封盖、杀菌冷却，制得沙漠果蛋白饮料。这款饮料的组织状态为均匀乳浊状，且稳定性好，具有沙漠果特有的香气与滋味，口感丰厚、柔和、爽滑。

沙漠果点心

五、食用注意

（1）沙漠果不宜多食，否则易上火。

（2）沙漠果热量较高，肥胖者不宜常食、多食。

（3）沙漠果不宜久存，特别是已经去壳的沙漠果很容易变质，一旦变质，不能食用。沙漠果易受黄曲霉菌的污染而发生霉变，误食后会导致发烧、呕吐，甚至危及生命。

延伸阅读

沙漠果的故事

沙漠果的外壳坚硬，硬度似核桃，果仁肥白香润，有香气，油脂含量很高，吃起来特别香，余味绵绵，因此成为最受人们欢迎的坚果类食品之一。

把明明生长在树林中的果实称作“沙漠果”，这究竟是怎么一回事呢？南美洲亚马逊雨林被誉为“世界之肺”。雨林中水资源十分丰富，高大乔木随处可见，巴西栗树也是如此。成年巴西栗树高达45米，号称“森林之王”。树内水分含量高，但是巴西栗果肉水分含量极少。果肉咀嚼到最后，口中会异常干燥，仿佛嘴里含着一口沙，仿佛置身沙漠之中一般，这就是“沙漠果”名字的由来。

板栗

齿根浮动叹吾衰，山栗炮燔疗夜饥。
唤起少年京辇梦，和宁门外早朝来。

——《夜食炒栗有感》
（南宋）陆游

一、物种本源

拉丁文名称，种属名

板栗（*Castanea mollissima* Blume），为壳斗科栗属乔木板栗树的果实，又名栗果、魁栗、风栗、栗子、毛栗等。

形态特征

我国板栗品种繁多，按产区可分为南方板栗和北方板栗。南方板栗果实较大，淀粉含量高，肉质脆嫩；北方板栗果实相对较小，皮薄，容易剥开，淀粉含量低，肉质细腻。

习性，生长环境

板栗树喜温和湿润气候，耐寒，抗旱，耐涝，喜光。全球的栗属植物共有12种。我国板栗的种植范围较广，全国各地几乎都有种植，北至吉林和辽宁，南至云南、贵州和台湾等地区。

二、营养及成分

板栗营养价值高，富含淀粉，可代替粮食，有“铁杆庄稼”“木本粮食”的称号。板栗还含有5.7%～10.7%的蛋白质、60%的淀粉、2%～7.4%的脂肪、多种维生素和无机盐等，特别是维生素B_1、维生素C和胡萝卜素的含量比一般坚果要高。板栗含多种脂肪酶和人体必需的钙、铁、锌、镁等矿物质。每100克板栗主要营养成分见下表所列。

碳水化合物	72.5克
蛋白质	10.2克
脂肪	7.4克
膳食纤维	1.7克

三、食材功能

性味 味甘，性温。

归经 归脾、胃、肾经。

功能

（1）强筋壮骨，延缓衰老。板栗含有的维生素C具有维持骨骼、牙齿、血管肌肉正常的功用，可以预防和治疗骨质疏松、腰腿酸软、筋骨疼痛、乏力等病症，延缓人体衰老。

（2）健脾益气。生板栗具有健脾益气的功效。食用板栗能够有效地治疗一些由于脾胃虚寒所引起的慢性腹泻，也可缓解老年人消化不良等症状。

（3）缓解糖尿病病情。板栗中含有丰富的膳食纤维，能够有效地帮助糖尿病患者缓解病情。

（4）对高血压、冠心病等有辅助疗效。板栗中所含丰富的不饱和脂肪酸对冠心病、高血压、骨质疏松、动脉硬化等病症，具有良好的调养功效。其含有的维生素、矿物质能够提高机体免疫力。

（5）对口腔溃疡具有辅助疗效。板栗含有维生素B_2，如果小儿口舌生疮、大人患有口腔溃疡等，生食一些板栗能够很好地缓解病情。

（6）对肾虚有辅助疗效。板栗具有很好的补肾活血作用，对于肾虚具有很好的疗效，特别是一些老年肾虚，治疗效果更佳。

（7）其他作用。板栗所含的多糖物质，有抗凝血、提高白细胞的生物活性等作用。

四、烹饪与加工

板栗生食、炒食皆宜，北方板栗香味浓，涩皮易剥离，适于炒食，称“糖炒栗子”；南方板栗，肉质偏粳性，适于炒菜，又被称为

"菜栗"。板栗可蒸熟或磨粉制成餐桌上的美味糕点。脾胃虚寒所致的慢性腹泻者，也可将板栗与茯苓、大枣、大米一起煮粥食用，可缓解症状。

糖炒板栗

板栗花生鸡脚汤

（1）材料：板栗、花生、红枣、鸡脚、盐等。

（2）做法：将板栗、鸡脚分别用沸水焯烫后洗净，与花生、红枣等一起放入瓦煲中煲汤，再放入盐等调味即可。经常食用，可益气养血、除湿通络。

板栗烧鸡

（1）材料：板栗、鸡肉、葱、姜、盐、食用油、黄酒等。

（2）做法：冷锅倒入食用油，油热后放入板栗和鸡肉翻炒，加入少量黄酒，再加水炖煮至肉熟，加入适量的盐、姜、葱等调味即可。这道菜肴十分适合因机能退化而胃口不佳的老年人食用，腰膝酸软无力者也可服食。

板栗烧鸡

板栗饮料

将板栗与抗氧化物质混合打浆后，加入适量的食品添加剂，可调制成一种板栗饮料。

板栗罐头

板栗可加工成板栗罐头，深受消费者的欢迎。板栗罐头香甜纯正、汁液澄清，具有较好的市场前景。

板栗罐头

五、食用注意

（1）板栗生食不易消化，熟食易滞气，所以一次不宜食用太多，更不宜在饭后过多食用。

（2）脾胃虚寒、消化不良、慢性腹泻者应炒食或煨食板栗。

（3）板栗含糖量较高，糖尿病患者不宜多食。

（4）产妇、小儿便秘者不宜多食板栗。

传说故事

北京糖炒栗子的由来

陆游在《老学庵笔记》中记载："故都李和炒栗名闻四方，他人百计效之，终不可及。"当汴京陷入金人之手，李和被掳掠至金中都（今北京），日夜思念故乡。后有南宋使臣至燕山，有人持炒栗献于马前，使臣叹曰："李和儿也。"挥泪而去。就是这位炒栗高手为北京留下了著名的糖炒栗子，至今不衰。

锥栗

壳斗如荆木本粮，喜温耐旱会生阳。
双栖食药真名果，累万成千涉远洋。

——《锥栗》（现代）关行邈

一、物种本源

拉丁文名称，种属名

锥栗［*Castanea henryi*（Skan）Rehd. et Wils.］，为壳斗科栗属落叶乔木锥栗树的果实，又称尖栗、旋栗、箭栗或棒栗等。

形态特征

锥栗为卵圆形，从侧面看像锥形，呈水滴状，单生于壳斗。

习性，生长环境

锥栗树喜光，耐旱，要求土壤排水良好。锥栗树常见于落叶或常绿的混交林中，一般在5—7月开花，9—10月结果。锥栗树广布于我国五岭以北、秦岭南坡以南的各地区。

二、营养及成分

锥栗营养丰富，据测定，锥栗的水溶性总糖含量较高，达13.1%以上，脂肪的含量不足2.1%，同时还有高于7.5%的蛋白质，还含有人体必需的氨基酸和多种微量元素。锥栗中碳水化合物的含量比小麦高。此外，锥栗的维生素C含量较高，还含有胡萝卜素和B族维生素，其营养价值高于薯类、面粉和大米等。

三、食材功能

性味 味甘，性平。
归经 归脾、胃、肾经。

功能

（1）益气健脾。锥栗能够为人体提供热量，促进脂肪代谢。锥栗还具有健脾的作用，称得上天然补养食物中的绝佳之品。

（2）预防心血管疾病。锥栗富含不饱和脂肪酸、B族维生素、维生素C，还含有钙、铁等矿物质，具有预防心血管疾病的功效。

（3）强筋健骨，延年益寿。锥栗中所含主要成分为淀粉，可为人体补充能量，提高人体免疫力。同时，其所含的丰富维生素等营养物质，可延缓衰老。多食锥栗具有强筋健骨、延年益寿的功效，可治疗腰腿乏力、骨质疏松等顽疾。

（4）预防口腔溃疡。锥栗中含有的维生素B_2，可预防和辅助治疗口腔溃疡。

四、烹饪与加工

锥栗可煮熟后直接食用，可烤制，也可制成锥栗粉、锥栗酱或锥栗罐头等。

烤锥栗

即食锥栗

将新鲜的锥栗经过蒸煮熟化、护色漂洗、分段干燥和涂膜保鲜等一系列工艺加工后，可制成即食的休闲锥栗产品。

锥栗罐头

锥栗原料经过分级、剥壳之后，再进行钙化处理，可以抑制栗仁表层淀粉的脱落，避免汤汁浑浊，再进行杀菌、灌装，即可制成锥栗罐头。

锥栗酥饼

把锥栗粉和起酥油、面粉等混合在一起，可制成味道鲜美、口感较好的酥饼。

锥栗酥饼

锥栗糕

将锥栗文火炒熟，研磨成粉，得锥栗粉备用；将当归、苹果花、回春草、薄荷叶和鸡骨香分别清洗后混合，加水常温浸泡5～10小时，然后保持温度60～70℃，加热煎煮2～3小时，过滤得营养液，再加入甜味剂得混合液备用；将锥栗粉和糯米粉、籼米粉混合，加入混合液和食用油充分搅拌后，装入所需形状的模具中，高温蒸熟；将蒸熟的糕用芝麻粉滚面，真空灭菌包装即得锥栗糕。锥栗糕酥香可口，令人回味，具有增强食欲、促进消化、养胃健身等保健功效。

锥栗糕点

五、食用注意

胃肠功能较弱者，以及糖尿病、风湿病患者和儿童不宜多食。另外，变质的锥栗，不可食用。

吕蒙与锥栗

建瓯龙村有一座吕蒙王公庙，在庙里供奉着三国时期的东吴大将吕蒙。原来，这里还流传着一段吕蒙与锥栗的故事。吕蒙年纪很轻的时候，就有一身好武艺。为了施展自己的抱负，他很早就投奔吴王，打了不少胜仗，深得吴王赏识。吴王为了平定福建，多次派吕蒙和他的姐夫带兵到建瓯。

那时候的龙村是一座重要关寨，地势非常险要。吴军进入建瓯时，在龙村遇到了顽强的抵抗，一连几个月攻不下。为此，身为带兵主将的吕蒙的姐夫非常着急，下令无论如何要在下雪前攻下寨子。可是，士兵们缺衣少食，哪还有多少力气继续攻打呢?

一天早晨，天气格外寒冷，吕蒙走出营帐，突然听到前边一阵喧哗。走过去一看，原来是手下的士兵抓到了几个“奸细”，正要杀头。看见有长官过来，那些人连忙大叫冤枉，说他们都是当地百姓，上山干活的。吕蒙仔细一看，只见他们衣衫褴褛，面色黝黑，不像敌兵的样子，于是吩咐士兵将他们放了，并对姐夫说如果能对当地百姓宽厚，就能得到他们的帮助，尽早攻下寨子。

吕蒙自小就深受姐夫喜爱，姐夫此时听了他的话，觉得有道理，当即下令将那几个人放了，同时贴出布告下令不准乱杀百姓。那几个人死里逃生，对吕蒙感激不尽，说回去后一定要劝说村里百姓，不要跟东吴作对。

虽然如此，但寨子一时还是攻不下。下雪了，吴军粮草运输跟不上，士兵们吃不饱饭，开始有了怨言。无奈之下，吕蒙姐夫下了死命令，集中全力攻寨。吕蒙心想，这样硬攻硬打怎么行？他连忙建议，不如就地找百姓筹粮，以稳军心。姐夫命令吕蒙去办。吕蒙带了一小队士兵，按照一个老汉留下的地址，找到了他们。老汉对吕蒙说，龙村这地方山高水冷人少，一时没法筹到许多稻米。说着拿出一个竹筐，里边装着许多浑身长刺的东西。见吕蒙疑惑，老汉用竹夹夹出一个，使劲一踩。刺壳“吱”的一声破裂，滚出一粒紫红色、圆溜溜、一端有个小尖嘴的东西。随后，老汉又用木槌把那宝贝一敲，剥掉红壳，露出白肉来。“将军请尝尝。”吕蒙从未见过此物，半信半疑地放入嘴里，一咬，脆生生、甜滋滋的，味道不错。老汉告诉他这就是锥栗。

吕蒙得到老汉的指点，立即派士兵按老汉所说的办法，果然在山中捡到了许多锥栗，解决了军中缺粮的问题。士兵肚子饱了，士气大振，很快就攻下了寨子，顺利进入了建瓯城。

吕蒙班师时，把锥栗带到会稽，进贡给吴王。吴王尝了之后大为赞叹，下令将锥栗作为贡品。当地百姓感激吕蒙的功德，特意建了寺庙，尊他为吕蒙王公，至今香火不断。

柿饼

漫山曾盖欲燃红，日晒除皮制药中。
造化虽然少颜色，精髓经济两丰隆。

——《柿饼》（现代）关行邈

一、物种本源

拉丁文名称，种属名

柿饼，是用柿科柿属落叶乔木柿树的果实柿子（*Diospyros Kaki* Thunb.）经日晒夜露去湿后加工制成的一种饼状干果，又名柿花、干柿等。

形态特征

柿饼色泽金黄，肉质干爽，软硬适中，味清甜且久放不变质。柿饼外部有一层似淀粉的白色粉末，叫作“柿霜”。柿霜实际上是由柿子内部渗出的葡萄糖凝结成的晶体。这些晶体不易同空气中的水分相结合，因此柿饼表面通常会保持干燥。柿饼有白饼与红饼两种。红饼是柿饼干燥（自然或人工干燥）后未经出霜工艺处理的柿饼；白饼是柿饼表面被白色或灰白色柿霜覆盖的柿饼。

习性，生长环境

柿树喜温暖气候，喜充足的阳光和深厚、肥沃、湿润的土壤，耐寒，耐瘠薄，抗旱性强，不耐盐碱土。我国的柿子产地主要分布在长江和黄河流域，山西、河南、河北和山西等地区柿树栽培面积占全国的80%~90%，目前广受消费者喜爱的品种有富平尖柿、三原鸡心黄柿和临潼火柿。

二、营养及成分

每100克柿饼部分营养成分见下表所列。

膳食纤维	2.3克
蛋白质	2.0克
脂肪	0.2克
维生素A	48毫克

此外，柿饼还含有维生素B_1、维生素B_2、维生素E，以及钙、铁、锌、镁、钾、碘、硒等元素。

三、食材功能

性味 味甘、涩，性寒。

归经 归心、肺、胃经。

功能

（1）凉血止血。柿饼可清热润肺，涩肠，有凉血止血作用，主治肠风、痔漏、痢疾、吐血、咯血和血淋等症。柿饼上的一层柿霜，可治咽喉干痛、口舌生疮。

（2）预防缺碘性甲状腺肿大。柿饼中碘的含量较高，是预防缺碘性甲状腺肿大的食疗佳品。

（3）缓解痔疮肿痛。柿饼中含有苹果酸、甘露醇、转化糖和蔗糖等物质，并含有单宁，可用作滋养品，能缓解痔疮肿痛，对降血压也有一定的作用。

四、烹饪与加工

柿饼粥

（1）材料：柿饼、大米等。

（2）做法：将柿饼与大米一同煮粥食用，有健脾润肺、涩肠止血的作用，适用于体虚吐血、干咳咯血、久痢便血、小便带血、痔疮下血等出血症。

柿饼夹核桃

将剥好的核桃仁置于155℃烤箱中烤10分钟左右，烤香后去皮备用。柿饼去除柿子蒂，切开后平铺在保鲜膜上，将核桃仁置于柿饼上，再叠加一层柿饼，捏紧后晒一天定型，切片即可。这款点心既有柿饼的甜美，又有核桃的酥脆。

柿饼夹核桃

柿饼派

将低筋面粉掺入融化的黄油，揉制成面团，放入冰箱冷藏1小时，取出擀成面皮铺在烤盘的底部，将鸡蛋、糖粉、牛奶和奶油混合均匀后倒在面皮之上，然后将切成片的柿饼均匀摆入盘中，烤箱180℃中层烤40分钟，至表面金黄即可得到美味的柿饼派。

柿饼派

五、食用注意

（1）慢性胃炎、脾胃虚寒和痰湿内盛者，不宜多食柿饼。

（2）贫血患者应少吃柿饼。

（3）月经期间女性、产妇和体弱多病者，应忌食柿饼。

（4）柿饼含较多糖分，糖尿病患者不宜多吃。

（5）柿饼含糖高且含果胶，同时含有弱酸性的鞣酸，容易造成龋齿，因此在吃后应及时漱口。

（6）胆结石患者忌食或少食柿饼，空腹不宜多食柿饼。

传说故事

“合儿柿饼”的传说

很久以前，耀州城周围是一碧千里的湖泊。石川河两岸的劳动人民，沐浴着耀州湖水的恩泽，世世代代过着风调雨顺、安居乐业的生活。

可是不知什么时候，一条青龙独霸了美丽的耀州湖。这条青龙有时呼风唤雨，兴风作浪，搅得石川河河水暴涨。洪水淹没了庄稼，摧毁了房屋，吞噬了无数人畜的生命。有时它又驱散云雨，带来连年大旱，使庄稼颗粒无收，害得老百姓离乡背井，四处漂泊。那些土豪劣绅又以“祭龙”为借口，勾结巫婆神汉，横征暴敛，弄得百姓苦不堪言。

石川河西岸有个村子叫十八坊。村里有位十分英俊的青年叫金哥，力气过人。他看到青龙作恶，豪绅敲诈，百姓流泪，决心舍生取义，杀死青龙，为民除害。金哥把自己的想法悄悄告诉了未婚妻玉妹。玉妹对金哥的壮举十分支持。他们发誓：不除青龙，绝不成婚。

“祭龙”的日子很快到了，一阵喧天锣鼓之后，人们都在静静等候。午时三刻，只见湖心冒起几个水泡，接着湖面上出现一个黑点，这就是青龙。青龙化作一黑脸老头，身穿黑衣，头戴黑帽，拄一拐杖，踏着浪花，向岸边而来。霎时，湖岸上的人群目瞪口呆，被吓得连大气也不敢出，个个如泥塑木雕，呆呆地站着。

玉妹看着青龙将要上岸，“恭恭敬敬”地走上前，“羞涩”地向青龙献上祭品。不料这青龙一看玉妹是个漂亮妩媚的姑娘，顿时春心荡漾，趁接供品之机，伸出魔爪握住玉妹的手。玉妹使劲挣脱，低头直向后躲。青龙穷追不舍，朝前一扑，玉妹向旁边一闪。这时，金哥突然从供桌下钻出来，举起青龙宝刀，用足力气，向青龙砍去。青龙大吃一惊，慌忙闪到一旁。只听“咔嚓”一声，一棵一抱粗的大柿树竟被拦腰砍断。青龙震怒，现出本相，张开血盆大口，咆哮着向金哥扑来。这时，金哥也被青龙抓伤，但金哥早把生死置之度外，又挥起宝刀，砍向青龙。玉妹也拔出利刃，和金哥一起与青龙展开了殊死搏斗。他们同青龙整整斗了三天三夜，仍然不分胜负。

这时，金哥巧施一计，假装败走，趁青龙松懈之机，大吼一声，杀了个回马枪。手起刀落，青龙头上连角带肉掉下来一大块，血糊糊的。青龙负了重伤，沿着石川河向南逃走，鲜血染红了河水。金哥迎头赶上又是一刀。青龙哀号一声，鲜血飞溅，再也动弹不得了。恶龙被除掉了，金哥和玉妹也因伤势过重，双双壮烈牺牲。乡亲们抱着这一对未婚夫妇的尸体，号啕大哭，为他们举行了隆重的葬礼，把他们合葬在被砍断的大柿树下。第二天，人们发现，这坟头上竟长出两棵绿莹莹的小柿树。转眼间，小柿树又长成碗口粗的大树，到秋天，上面挂满了金灿灿、红艳艳的大柿子。

这儿的人们有做柿饼的习惯，他们把鲜红硕大的柿子小心地摘下来，削掉皮，一串一串地挂在太阳底下，风干成又黏又软的柿饼坯。再经过几道工序，柿饼坯就变成了霜色雪白、味道甘甜的柿饼。柿饼丰收，人们又想起了金哥和玉妹。一位老人深情地把两棵树上的柿饼脐对脐地捏合在一起，没想到两棵树上的柿饼一贴即合，而且黏合得难解难分。人们纷纷从两棵柿树上取下嫩芽，嫁接在自己的柿树上。不久，石川河两岸就成了一望无际的柿树园，几乎家家都学会了做“合儿柿饼”。

黑枣

荒园乏佳果，枣树八九株。
纂纂争结实，大率如琲珠。
此种味甘脆，南方之所无。
日炙色渐赤，儿童已窥觎。
剥击盈数斗，邻舍或求须。
早知实可食，何须种桎榆。
此木颇耐旱，地宜土不濡。
所以齐鲁间，斩伐充薪刍。
近复得异种，挛拳类人痀。
曲木未可恶，惟天付形躯。
良材却矫揉，不见笏与弧。

——《枣》（明）吴宽

一、物种本源

拉丁文名称，种属名

黑枣（*Diaspyros lotus* L.），为柿科柿属落叶乔木黑枣树的成熟果实，又名君迁子、软枣、乌枣、丁香枣等。

形态特征

黑枣呈近球形至椭圆形，直径为1~1.5厘米，初熟时为淡黄色，成熟后变为蓝黑色。

习性，生长环境

黑枣树一般生长于海拔500~2300米的山区，其高度可达30米，直径可达1米，主要品种有大核黑枣和葡萄黑枣等。黑枣树对土壤条件要求不高，具有耐旱、耐贫瘠的特性。在我国，根据产地不同，黑枣可以被分为山东北乡黑枣、马牙黑枣和河北黑枣等。其成熟季节是白露前后。

二、营养及成分

黑枣被称为“营养仓库”，富含蛋白质、糖类、膳食纤维、脂肪、有机酸和果胶，同时还含有维生素A、维生素B、维生素C和维生素E，以及磷、钙、铁等元素。每100克黑枣主要营养成分见下表所列。

碳水化合物	57.3克
膳食纤维	2.6克
蛋白质	1.7克
脂肪	0.3克

三、食材功能

性味 味甘，性温。

归经 归脾、胃、肺经。

功能

（1）抗氧化。黑枣中的单宁酸的邻苯三酚结构中的邻位酚羟基很容易被氧化成醌类结构，在有酶、充足的水分以及较高pH值（如pH>3.5）的条件下，氧化反应进行得更快，从而消耗环境中的氧。酚类结构是优良的氢给予体，对氧负离子和羟基自由基等自由基有明显的抑制作用，从而起到对生物组织的保护作用。

（2）抑菌。从黑枣中提取的维生素B_2不仅对革兰氏阳性菌有非常好的抑制作用，而且对马焦虫病、牛焦虫病的治疗也非常有效。

（3）降血脂。黑枣中所含的果胶具有降低血脂的功效。果胶可以与胆固醇结合，从而防止胆固醇与消化酶、胆汁酸和肠黏膜接触，大大降低人体对胆固醇的吸收量，达到降血脂的功效。黑枣中维生素C含量较高，可以降低人体内胆固醇，从而减少结石的患病风险。

（4）其他作用。黑枣中含有对眼睛有保护作用的维生素A、有助于身体代谢的B族维生素，以及钙、铁、镁、钾等矿物质元素。此外，有研究证明，黑枣对抗突变和修复染色体损伤具有一定的作用。

四、烹饪与加工

黑枣枸杞鸽蛋汤

（1）材料：黑枣、枸杞、鸽蛋、盐等。

（2）做法：将黑枣、枸杞洗净，将鸽蛋洗干净煮熟剥皮后，与黑枣、枸杞一起放在砂锅中慢熬，加适量盐调味即可。这款靓汤汤汁鲜美，口感浓郁，适合体寒虚弱之人食用。

黑枣干

选择水分含量较低的黑枣，脱涩并充分洗净后放到65℃的烘箱中烘干。烘干后的黑枣干为紫褐色，酥脆甘甜，不易腐烂变质。

醉黑枣

将洗净的黑枣控干，上屉蒸熟，自然冷却之后，倒入罐中，放入冰糖和适量黄酒进行腌制。腌制的时间越长，味道越好。

黑枣泥酥饼

将油酥拌匀冷藏后分成小份，然后置于做好的油皮中，将油皮包裹住油酥，并擀成长条，包入用黑枣做成的黑枣泥后造型，放入烤箱烘焙即可。

黑枣泥酥饼

黑枣枣花酥

将黑枣去核，蒸熟后加水，用料理机打成枣泥浆。将枣泥浆放入锅中，加入白砂糖，用中小火翻炒。边炒边加入植物油，分三次加入，当枣泥浆变得干燥成为馅状时，即得到黑枣枣泥馅。将做好的酥皮面团擀成圆形，中间放入黑枣枣泥馅儿，包起来。把包好的面团收口，朝下放置，压扁，用擀面杖擀成圆形。用剪刀在圆饼上剪出多片“花瓣”，将每片“花瓣”扭转，呈现出“绽放”的模样。枣花酥造型全部做好后，摆入烤盘。

黑枣枣花酥

蘸取少许蛋黄液涂在枣花酥中心，再点缀上装饰。将烤盘放入预热到200℃的烤箱，烤15分钟，至酥皮层次完全展开即可。

黑枣果酱

选取熟透的黑枣进行去皮、清洗，添加少量的甜味剂等食品添加剂，捣成泥过筛，最后加以浓缩就可制成黑枣果酱。

五、食用注意

（1）黑枣不可多食，尤其不要空腹食用，因为空腹时胃酸较多，容易与黑枣里的果胶和鞣酸形成结石。

（2）便秘、牙痛、糖尿病人群，以及脾胃不和者，应慎食黑枣。

（3）过多食用黑枣，会引起胃酸过多和腹胀。

母子黑枣树

相传，古时王双志村有个王氏女子美貌绝伦，被皇帝看中，一道圣旨将其选入宫中，逾期不至将满门抄斩。可这女子自小就许给同村同姓的王君为妻，两人青梅竹马，感情甚好，于是两家人便商量让他们提前完婚。成婚之日，按乐陵旧习，新人必先吃枣子，寓意“早生贵子”。由于乡人戏逗，新娘不慎将一颗黑枣核咽下。然官府催人甚紧，后半夜，新娘思量再三，觉得只有自己一死，才能救下全家。她打定主意，悄悄溜出家门，投进枣树下的一眼深井。待乡人发现后，她已香消玉殒。众人一阵惋惜，只好将其就地掩埋。

第二年，这王氏女子坟头之上竟长出一株黑枣树，人们说这是王姑娘的化身。又过了几年，老树腹中又生出一株小树，人们说，这是她和王君的孩子；也有人说，这是王氏吃下的黑枣核所生。从此，母子黑枣树的故事就这样流传下来了。

红枣

人言百果中，唯枣凡且鄙。
皮皴似龟手，叶小如鼠耳。
胡为不自知，生花此园里。
岂宜遇攀玩，幸免遭伤毁。
二月曲江头，杂英红旖旎。
枣亦在其间，如嫫对西子。
东风不择木，吹煦长未已。
眼看欲合抱，得尽生生理。
寄言游春客，乞君一回视。
君爱绕指柔，从君怜柳杞。
君求悦目艳，不敢争桃李。
君若作大车，轮轴材须此。

——《杏园中枣树》
（唐）白居易

一、物种本源

拉丁文名称，种属名

红枣（*Ziziphus jujuba* Miu.），为鼠李科枣属落叶小乔木或稀灌木枣树的成熟果实，与栗、李、桃、杏并称为我国的“五果”，又名大枣、干枣、良枣、姜枣、刺枣。

形态特征

红枣呈椭圆形或球形，表面呈褐红色，略带光泽，有不规则皱纹。

习性，生长环境

枣树的环境适应性很强，种植范围广，具有喜温、抗旱、抗涝、耐贫瘠、耐盐碱的特性。红枣产地在我国分布较广，尤以新疆、河北、陕西、山西、山东、河南产量最多，占全国的90%以上。市场上常见的红枣品种有山西晋中的“壶瓶枣”、稷山的板枣，河南新郑的“新郑大枣”，河北沧州的“金丝小枣”，新疆和田的玉枣等。

二、营养及成分

民间一直把红枣视为“铁杆庄稼”“木本粮食”。红枣富含蛋白质、脂肪、糖类和丰富的维生素，例如，胡萝卜素、B族维生素、维生素C、维生素P，以及钙、磷、铁和环磷酸腺苷等营养成分，有“天然维生素丸”的美称。每100克红枣主要营养成分见下表所列。

碳水化合物	67.5克
膳食纤维	9克
蛋白质	3.2克
脂肪	0.3克

三、食材功能

性味 性温，味甘。

归经 归脾、胃经。

功能

（1）补虚益气，宁心安神。红枣富含钙和铁，具有益气补血、防治骨质疏松等功效；红枣含有三萜类化合物和环磷酸腺苷，能消除疲劳、扩张血管、改善心肌收缩力，对防治心血管疾病有较好的效果；红枣中丰富的黄酮类物质，能够疏肝解郁，有宁心安神、降血压的作用。

（2）提高人体免疫力。红枣中含有大量的糖类和多种维生素、矿物质，具有提高人体免疫功能、增强抗病能力和抗放射性损伤的作用。

（3）保护肝脏。红枣能降低血清谷丙转氨酶水平，对于急慢性肝炎、肝硬化患者等血清转氨酶活力较高的病人有很好的食疗效果；红枣能促进白细胞的生成，减轻毒性物质对肝脏的损害作用，降低血清胆固醇，提高人血白蛋白，保护肝脏；对治疗急慢性肝炎和肝硬化有一定的效果。

（4）预防高血压。红枣中含有的维生素P具有软化血管、降血压等作用，因此红枣对高血压有一定的预防作用。

（5）补血养颜。红枣富含的铁元素是合成血红蛋白的必需元素，能提高人体造血功能，预防贫血，使肤色红润。此外，红枣中丰富的维生素C、维生素P和环磷酸腺苷，能促进皮肤细胞代谢，防止色素沉着，因此经常食用红枣，可达到护肤美颜效果。

（6）抗过敏。红枣中含有的环磷酸腺苷具有扩张血管、抗过敏作用，可用于过敏性紫癜的辅助治疗。

红枣茶饮

红枣是一种备受消费者欢迎的干果。烘干或晒干的红枣可选择蒸食，也可用来佐膳、煮水、煮粥、煲汤等。用大枣搭配银耳炖食或煮粥食用，补血养颜作用会更加明显。用红枣煮汤代茶饮，可以安心守神，增进食欲。

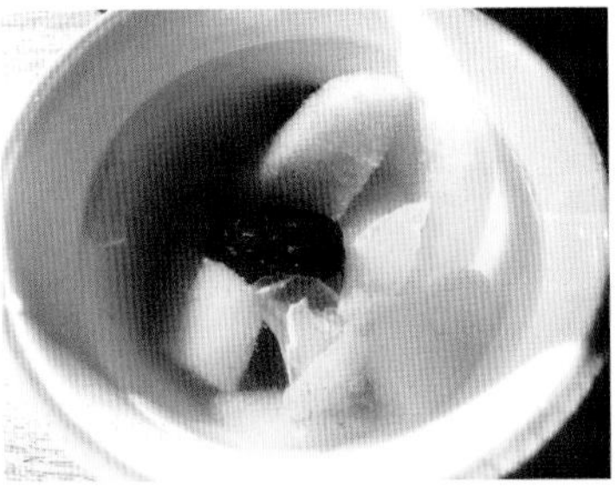

红枣雪梨汤

红枣雪梨汤

（1）材料：红枣、雪梨、冰糖等。

（2）做法：红枣提前浸泡1个小时，雪梨切成块，放入锅中，加入冰糖和水，用中火至小火炖1小时即可。这款甜汤口感清甜，梨肉酥糯，具有补血润肺之功效。

红枣蜂蜜茶

（1）材料：红枣、冰糖、蜂蜜等。

（2）做法：红枣（去核）150克、冰糖50克，加水350毫升煮熟，沥干水分，去皮，捣成枣泥。再加入蜂蜜250毫升拌匀，盛在干净的玻璃瓶中，饮用时取1茶匙加入温开水冲调即可。红枣、蜂蜜都是温性食材，在寒冷的冬季，喝一杯这样的茶，可以补充元气，增加热量。

红枣黑米粥

（1）材料：红枣、黑米、红糖等。

（2）做法：先将红枣、黑米等食材清洗干净浸泡片刻，再将红枣、黑米加水一同放入锅内熬煮，适当添加红糖调味即可。

红枣黑米粥

红枣发酵饮品

红枣发酵饮品主要是以红枣为发酵原料，经乳酸菌、酵母菌或其他菌种发酵制成的一类饮料，如红枣枸杞发酵饮料、红枣格瓦斯饮料、红枣麦芽汁发酵饮料、红枣醋饮料等。

红枣酒

红枣酒是一种新型果酒，主要是以红枣为原料经发酵制得。红枣中含有的多糖、维生素P等成分经发酵可提高红枣酒的营养价值，且红枣特有的枣香味可赋予果酒独特的风味。

五、食用注意

（1）湿热内盛、齿病疼痛、小儿疳积及腹部胀满、舌苔厚腻者不宜食用红枣。体质燥热的女性也不适宜在经期食用红枣。

（2）红枣含糖量较高，糖尿病患者不宜多食。

（3）食枣不可过量，否则有损消化功能。

（4）不要食用腐烂的红枣。烂枣在微生物的作用下会产生生物毒素，食用后易出现头晕、视力障碍等中毒反应，重者可能危及生命。

传说故事

乾隆与枣树

乾隆下江南时，途经乐陵，行到一棵枣树下的时候感觉口渴，取几颗红枣入口，顿觉甜透六腑，爽净五脏，脱口而出：“好果，称朕意。”遂挥毫写下“枣王”二字。乡民感恩御赐，制成金匾，挂于此树，故此树称“枣王树”，现有“枣王”碑为证。

乾隆封下“枣王树”后，正要启程赴江南，忽听一老者说，城南北角有个叫王清宇的庄子，枣树也极多，品质更佳。乾隆听得“王清宇”三字，心头一亮，不觉失口喊出一个“好”字，心想，这村名起得真是绝伦：“王”者，岂不是朕也；“清”当为大清；“宇”嘛，自然是天穹了。三字意味深长，不是恰恰寓意大清升平、天宇清朗吗？若不亲临此庄，岂不枉来此地！乾隆思罢，龙心大悦，不容侍从多言，就立奔王清宇庄而去。可他毕竟是微服私访，乡人认不出他。乾隆和乡人谈起枣来，说来说去，乡人便把他当成枣贩子。乾隆爷故意装成枣商，说先要尝一下枣的口感，村头领就将他们领到枣树下。乾隆摘吃几颗，顿觉满嘴生津，甜透心肺，欣然喊道：“好枣，真不错！”不想话音刚落，这树竟朝他歪倒过来，乾隆说：“莫非这树也有天性，见了朕也跪拜。”村民方知皇上驾到。后来，人们就把此树称为“卧龙树”。

椰枣

家开幔亭宴，园侍板舆游。
海枣秦时色，江鲈晋代秋。
佳儿欢寿母，颂客集名流。
可是茅容学，长安遇介休。

——《茅平仲南归寿母》
（明）欧大任

一、物种本源

拉丁文名称，种属名

椰枣（*Phoenix dactylifera* L.），为棕榈科海枣属乔木椰枣树的果实，又名波斯枣、番枣、海棕、海枣、伊拉克枣等。

形态特征

椰枣为长圆形或长圆状椭圆形，成熟时为深橙黄色，表皮上有一层白色粉状的天然糖衣。椰枣种子扁平，两端尖锐，且腹面有一个纵沟。

习性，生长环境

椰枣树是热带和亚热带干旱地区的一种特殊树种，花期为3—4月，果期为9—10月。椰枣树喜温暖湿润气候，喜光又耐阴，对土壤要求不高，以疏松肥沃、排水良好的中性至微碱性沙壤土为宜。椰枣约在1700年前由伊拉克传入我国，目前在我国云南、福建、广东、广西等地均有栽培。

二、营养及成分

椰枣营养价值高，被誉为最有营养的干果，有“沙漠面包”之称。椰枣含蛋白质、脂肪、多糖、葡萄糖、果糖、蔗糖、类胡萝卜素，以及维生素A、维生素B_1、维生素B_2、维生素B_3、维生素C等，并含有多种氨基酸和微量元素。据测定，每100克可食椰枣中含蛋白质2.5%、脂肪0.4%、碳水化合物75.8%、膳食纤维3.9%，还有多达380~600毫克的维生素。成熟椰枣的糖含量约为80%，其余营养成分由蛋白质、纤维和微量元素组成。

三、食材功能

性味 味甘，性温。

归经 归脾、肺经。

功能

（1）提高免疫力。椰枣中的主要成分为果糖，易于消化，可作代糖。同时，其丰富的维生素与矿物质能使人体快速恢复体能、提升免疫力、延缓衰老。

（2）保护视力。椰枣中维生素A的含量较高，甚至能够与鱼肝油和黄油相媲美。因此，它具有保护视力、强化视神经、防治夜盲症的功效，还有助于治疗和改善听力减弱、老年性听力神经衰竭等病症。

（3）降低结石、高血压、风湿等疾病的发病风险。椰枣中含有的碱性盐类可对因食用过多淀粉导致的血液酸性增加起到良好的中和作用，并可降低肾结石、胆结石、高血压和风湿等疾病的发病风险。

（4）缓解便秘。椰枣可以在肠道内建立广谱良性菌落，能恢复与增强肠道功能，治疗便秘。将在水里浸泡过夜的椰枣揉碎成汁液，服用后可明显缓解便秘症状。

（5）助产下奶。椰枣含有的大量糖分可以刺激子宫，在分娩时可以清理肠胃并为产妇增添动力。椰枣中含有丰富的纤维素和钙，能够有效地促进产妇乳汁的分泌，起到下奶的作用。

（6）其他作用。新鲜椰枣汁可以加速新陈代谢，起到帮助戒酒的作用。椰枣中含有丰富的维生素、多种矿物质和天然多糖，可以缓解体虚；和蜂蜜一起食用，可促进青少年智力和骨骼发育，降低贫血与软骨病等疾病的发生风险。

椰枣鸡肉米饭

（1）材料：椰枣、鸡肉、糯米等。

（2）做法：椰枣去核洗净切碎，与切成丝的鸡肉和糯米一起放于锅中蒸煮。经常食用，具有温中健脾、滋养强壮的效果，适用于脾胃虚弱、气血不足所致的疲劳乏力、食欲不振、气血不足等病症的食疗调养。

椰枣甜品

去核的椰枣加入面粉、黄油、红糖、鸡蛋等，可烘焙成太妃布丁；或与苹果、南瓜泥、鸡蛋、牛奶等搭配，制成椰枣派。椰枣甜品含有多种人体所需的营养物质，既可补充能量，又能起到一定的保健作用，有助于减肥瘦身。

椰枣甜品

椰枣果醋

以椰枣为原材料制作的椰枣汁，先后经过酒精和醋酸菌发酵，可得到椰枣果醋。

椰枣果醋

风味椰枣酒

挑选椰枣，加入水，用破碎机破碎，制成椰枣果浆，用葡萄糖和酒石酸调整酸度和甜度，向椰枣果浆中加入0.04%~0.06%质量比的果胶酶，加热至38~42℃，保持50~70分钟。向果浆中加入酵母，在24~28℃条件下发酵，至无明显泡沫产生时停止发酵，过滤后制得椰枣原酒。将委陵菜根茎洗净、切片，打成糊状的委陵菜根浆。取中药材葶苈子、猫屎瓜、胡桃仁、甘草、桃儿七、黄芪、白花龙胆、小檗皮、阿胶、山药等加水煎煮，再过滤得到中药煎煮液，将中药煎煮液添加到委陵菜根浆中，得到中药委陵菜根糊。取中药委陵菜根糊，置入蒸锅中蒸熟，冷却后加入甜酒曲，搅拌均匀，在24~27℃条件下发酵，5~10天后，将发酵液过滤后制得委陵菜原酒。最后，将椰枣原酒与委陵菜原酒，根据需要的酒精度进行混合勾兑，过滤杂质，然后再进行灌装、杀菌、包装，即得风味椰枣酒。

五、食用注意

（1）脾胃虚寒、易腹泻、尿频、感冒、紫暗舌者，以及月经期女性等不宜吃椰枣。

（2）小儿脾胃功能较弱，椰枣黏腻，不易消化，故小儿多食易伤脾胃，影响消化系统功能。此外，椰枣糖分过多，多食易引发龋齿。

延伸阅读

椰枣与阿拉伯人的生活

椰枣在阿拉伯地区有着很悠久的种植历史，几乎遍及所有的阿拉伯国家。椰枣被古代阿拉伯地区的贝都因人当作主要食品，除了日常食用之外，更是驼队长途跋涉时不可缺少的“干粮”。一般的食品容易腐败变质，而椰枣特有的能量高、可长时间储存并且易于消化等特点使其成为驼队主要的食物。经过多年的发展，椰枣树的种植推广到了阿拉伯地区的各个国家，其中伊拉克、埃及、沙特阿拉伯等国都是椰枣的种植和出口大国。

椰枣能够成为阿拉伯人最喜欢和最重要的食物，是和当地的气候条件密不可分的。多数阿拉伯国家地处炎热的沙漠地区，很多果树难以成活，但是椰枣树能适应这种恶劣的天气。椰枣伴随着整个阿拉伯历史的发展，人们对它的重视程度从很多典籍中都能看到，例如，《古兰经》中就多次提到椰枣。

叙利亚帕尔米拉古城遗址，是叙利亚境内“丝绸之路”上的名城。挺拔的神庙、气派的凯旋门，还有雕刻精细的绝美壁画，都在诉说着它往日的辉煌。帕尔米拉古城遗址盛产椰枣，而“帕尔米拉”本身就是“椰枣林”的意思。

橄榄

纷纷青子落红盐，正味森森苦且严。
待得微甘回齿颊，已输崖蜜十分甜。
——《橄榄》（北宋）苏轼

一、物种本源

拉丁文名称，种属名

橄榄，一般是指毛叶榄（*Canarium subulatum* Guill.），是橄榄科橄榄属乔木毛叶榄树的果实，又名黄榄、青果、山榄、白榄、红榄、青子、忠果等。

形态特征

橄榄为硬壳肉果，呈卵圆形至纺锤形，果核两端尖，横切面为圆形；成熟时为黄绿色，外果皮厚，初食有苦感，略带酸涩，久嚼后味转清甜。

习性，生长环境

毛叶榄树喜温暖气候，对土壤适应性较强。橄榄原产于我国南方。我国是世界上栽培毛叶榄树最多的国家，福建、台湾、广东、广西、云南等地区均有栽培。野生毛叶榄树一般生长在海拔200～1500米的沟谷疏林和季雨林中。

二、营养及成分

橄榄富含蛋白质、碳水化合物、脂肪、维生素C，以及钙、磷、铁等矿物质，其中维生素C的含量是苹果的10倍，是梨和桃的5倍，含钙量也很高且容易吸收。另外，橄榄果实中还含有挥发油、黄酮类化合物、金丝桃苷和三萜类化合物，以及短叶苏木酚、青蒿素、东莨菪碱、没食子酸和逆没食子酸等。每100克橄榄部分营养成分见下表所列。

碳水化合物	11.1克
蛋白质	0.8克
钙	49毫克

三、食材功能

性味 味甘、酸，性平。

归经 归脾、胃、肺经。

功能

（1）开胃除躁。橄榄富含钙、磷、铁和维生素C等成分，能开胃，除烦躁，适合儿童、孕妇、体弱多病的老年人食用。

（2）缓解咽喉肿痛。橄榄中含有大量松香、鞣酸、挥发油和丰富的钙等，能有效减轻急性咽炎的症状，具有润喉、消炎、抗肿的作用，并且能预防白喉、流感等疾病。

（3）解酒安神。橄榄含有大量的碳水化合物、维生素、鞣酸、挥发油及微量元素等，能帮助人体解除酒毒，安神定志。

盐橄榄

(4) 防腐抗菌。橄榄浸提液对大肠杆菌、枯草杆菌、金黄色葡萄球菌、酿酒酵母菌、土星汉逊酵母菌、黑曲霉菌、黄曲霉菌、黑根霉菌等具有抑制作用，可防腐抗菌。

(5) 预防心血管疾病。橄榄中丰富的钙、钾和镁元素对高血压等心血管疾病具有调节作用。初榨橄榄油对人体健康有益，能增强消化系统的功能，降低心血管疾病、高胆固醇血症、动脉粥样硬化、肥胖和Ⅱ型糖尿病等的发病风险。橄榄油还有抗老化和促进骨骼、神经系统发育的功能。

四、烹饪与加工

橄榄果脯

以橄榄和糖为主要原料加工成的橄榄果脯，深受消费者的喜欢。目前，蜜饯制作工艺不断改进，生产商已开发出五香橄榄、丁香橄榄、甘草橄榄、桂花橄榄等新品种。

橄榄果脯

橄榄酒制品

橄榄酒是以橄榄为原料，利用现代生物技术，经发酵等特殊工艺酿制，精心勾兑调味而成的发酵酒。橄榄发酵酒分橄榄全果发酵和橄榄纯汁发酵。橄榄酒生产也可用橄榄果直接浸泡粮食酒。橄榄酒在人体保健功能、口感等方面均有其独到之处，可与葡萄酒相媲美。

橄榄油

油橄榄还可制成橄榄油。油橄榄鲜果含油率一般为20%～30%。初榨橄榄油是很有营养价值的产品之一，是由机械均质和压制橄榄制成。橄榄油品质在食用植物油中居首位，有“食用植物油皇后”的美称。

橄榄油

五、食用注意

橄榄一次食用不宜过多，特别是胃溃疡、胃寒痛和虚痛者忌食。

传说故事

张仲景与橄榄

相传，有个叫黄三的人来请张仲景看病，他说：“久仰先生大名，今日特来求医，吾黄胖、懒惰、贫寒，望能妙手医治。”张仲景暗忖，此“三病”之根在于懒惰，须先将其由懒惰变得勤快，便告诉他：“从明天开始，你每日早晨去茶馆饮橄榄茶，然后拾起橄榄核，回家种植于房前屋后，常浇水护苗，待其成林结果再来找我。”

黄三遵嘱照办，细心护林。几年过去了，橄榄由苗而树，由树而林，由林而果，黄三终于变得勤快起来了，人也长得壮壮实实。可是他仍然很穷，便又去找张仲景，张仲景笑曰：“你已没了黄胖、懒惰之症了，你且回去，从明天开始，我叫你不再贫穷。”

第二天开始，果然有不少人前来向黄三买橄榄，从此，黄三也就不再贫穷了。原来，张仲景开处方时需要橄榄作药引，所以差人去找黄三买橄榄，人们都叹服张仲景的高明。

桂圆干

十里一置飞尘灰，五里一堠兵火催。
颠坑仆谷相枕藉，知是荔枝龙眼来。

——《荔枝叹》（节选）
（北宋）苏轼

一、物种本源

拉丁文名称，种属名

桂圆干，是以无患子科龙眼属常绿乔木龙眼树的果实——龙眼（*Dimocarpus longan* Lour.）为原料，通过烘干、晾晒后得到的干品，又名龙眼干、益智干、骊珠干等。

形态特征

桂圆干近似球形，直径1.2~2.5厘米，通常为黄褐色，外表稍粗糙。

习性，生长环境

龙眼树生长在南亚热带地区，喜阳，喜温暖湿润气候，能忍受短期霜冻，对土壤的适应性很强，以沙壤土为宜。龙眼树在我国主要生长在南方地区，主要分布在福建、广东、广西、云南、四川、台湾、海南等地。

二、营养及成分

据测定，可食桂圆干中，含有一定量的维生素B_1、维生素B_2、维生素B_3、维生素C、维生素P，还含有磷、硒、钙、镁、铁、锰、锌、铜、钾、钠等元素。此外，桂圆干还含其他营养物质，如多糖、硬脂酸、丙酮酸、藻红朊、胆甾醇等。每100克桂圆干主要营养成分见下表所列。

碳水化合物	71.5克
蛋白质	4.6克
膳食纤维	2克
脂肪	1.6克

三、食材功能

性味 味甘，性温。

归经 归心、脾经。

功能

（1）益气补血。桂圆干含有丰富的葡萄糖、蔗糖和人体所需的蛋白质等，而且微量元素铁的含量也很高，既可以补充身体所需的热量，又能促进血红蛋白再生，达到补血的功效。

（2）安神定志。桂圆干含有丰富的矿物质，如铁、钾等元素，可辅助治疗因贫血造成的心悸、失眠、健忘等症。

（3）养血安胎。桂圆干中的微量元素铁含量比较多，且维生素种类丰富，对缓解宫缩非常有利，同时能为孕妇提供丰富的营养，安胎效果比较明显。

四、烹饪与加工

桂圆干在日常生活中可作为粥的原材料，往往与莲子、大枣等搭配食用，同时也可以桂圆干为原料做成各种菜肴。

桂圆红枣汤

桂圆莲子粥

桂圆莲子粥

（1）材料：桂圆干、粳米、莲子、红枣、红糖等。

（2）做法：取桂圆干搭配粳米、红枣、莲子熬粥，适当添加红糖即可。桂圆莲子粥非常适合老年人食用，具有养心增智、补脾生血的功效。

速溶桂圆粉

以桂圆干为原料，泡软、打浆后得到果浆，复配，真空喷雾干燥后制得速溶桂圆粉。

桂圆干果酒

桂圆干经过分选、去皮、去核、清洗后，加入适量水煮沸30分钟，打浆后加入果胶酶酶解，调节酸度后接种酵母，发酵、过滤后制得桂圆干原酒，再经陈酿、过滤、调配、杀菌后加工成桂圆干果酒。

五、食用注意

（1）湿阻中满或有停饮、痰火者，忌食桂圆干。

（2）孕妇、幼儿不宜多食桂圆干。

（3）服用糖皮质激素类药物时，不宜食用桂圆干。

（4）发热或服用健胃药者，不宜食用桂圆干。

（5）桂圆干含糖量高，糖尿病患者应少食或慎食。

传说故事

屠恶龙摘龙眼

传说在古时的南方地区盘桓着一条恶龙，常常偷吃牲畜，破坏良田，袭击人类。百姓们苦不堪言，但又没有办法降服恶龙。

那一年，有个名叫桂圆的习武少年，决定要斩除恶龙，还天下太平。有一天，他手持钢刀埋伏在恶龙常出没的地方，趁恶龙偷食羊时，跳到恶龙身上，与其搏斗。他先用钢刀对准恶龙的左眼狠狠刺去，恶龙的左眼被刺中，愤怒无比要吃掉他。恶龙正要反扑时，桂圆敏捷地跳到另外一边，把它的右眼也刺伤了。恶龙双目失明，逃走时不慎撞到大山，最终流血过多而死。而桂圆在与恶龙搏斗时，不小心被恶龙尾巴击中，当场死亡。

百姓们为了纪念桂圆，就将他的尸体和他挖掉的两个龙眼安葬在山上。过了一年，这个地方长出了两棵大树，树上结果，果实圆亮，极似龙眼。于是，人们把这两棵树叫作“龙眼树”，把它们结出的果实称作“龙眼”，又名“桂圆”。

荔枝干

罗浮山下四时春，卢橘杨梅次第新。
日啖荔枝三百颗，不辞长作岭南人。

——《食荔枝》（北宋）苏轼

一、物种本源

拉丁文名称，种属名

荔枝干，是无患子科荔枝属常绿乔木荔枝树的果实——荔枝（*Litchi chinensis* Sonn.）烘干后得到的干果，又名丹荔干、火山荔干、丽枝干、勒荔干等。

形态特征

荔枝品种较多，但加工荔枝干主要采用糯米糍荔枝和槐枝荔枝为原料。用糯米糍荔枝制成的干果肉厚核小，甜度高，口味浓。加工工艺以日晒干燥生产的果品为佳，火焙次之。鲜荔枝成熟度在七八成时剪下，用日晒或火焙的方法进行干制。日晒的称生晒荔枝干，壳色红艳，肉色黄亮，肉面上有细致的纹理，色、香、味俱佳，广东的糯米糍荔枝、槐枝荔枝和福建的元红枝荔枝，大部分用日晒法。火焙的荔枝干，壳色、肉色和风味都不及日晒的，但荔枝成熟的时候，正是产地天热多雨的季节，日晒费时太长（通常暴晒的时间为20～25天），所以多采用火焙法。

习性，生长环境

荔枝树生长在亚热带地区，喜高温，喜光向阳，宜在肥沃、厚重的土壤中生长。在我国，荔枝主要分布于北纬18°～29°，广东栽培最多，福建、广西次之。

二、营养及成分

荔枝干中所含的糖分较高，主要是葡萄糖、蔗糖，还含有丰富的维生素C和蛋白质，以及游离氨基酸、柠檬酸、叶酸、膳食纤维、矿物质等。经测定，荔枝干中的葡萄糖含量高达66%。

三、食材功能

性味 味甘、酸，性温。

归经 归脾、胃、肝经。

功能

（1）滋补气血。荔枝干具有滋补气血、调理脾胃、止痛之功效。其温润的属性，对于体质虚弱的人群有益处。女性贫血、虚寒也可经常食用，活血通经。

（2）治疗呃逆。将荔枝干带壳烧成灰，研末，温开水调服，可治疗呃逆。

（3）缓解幼儿遗尿。荔枝干带壳烧成灰，研末，搭配黄酒空腹时调配服用，对治疗血崩有辅助疗效。如果有幼儿遗尿，每天吃几个荔枝干有很好的缓解作用。

（4）补脑。荔枝干含有丰富的游离色氨酸，可以对大脑及中枢神经系统有较好的抑制调节作用，有利于大脑细胞发挥正常的生理功能，因此荔枝有滋补大脑的功能。

四、烹饪与加工

荔枝干鸭肉汤

（1）材料：荔枝干、鸭肉、瑶柱、陈皮、生姜、盐等。

（2）做法：将荔枝干与鸭肉、瑶柱、陈皮、生姜共同煲汤，再放入盐等调味即可。这款佳肴汤味清香、口感佳，具有补气益脾、滋阴生津的功效，非常适合夏季食用。

荔枝干炖莲子汤

（1）材料：荔枝干、莲子等。

（2）做法：将荔枝干果肉取出，与提前泡软的莲子隔水炖食，能补血滋脾固涩，常用来治疗脾虚型月经过多。

荔枝干风味饮料

荔枝干除去壳、核后，加入一定量的60℃的水，浸泡20分钟，打浆过滤取汁，用明胶、乙基麦芽酚、β-环状糊精除去或掩盖荔枝干原汁中的涩味，静置离心，上清溶液调味后杀菌、冷却包装即可。

荔枝干风味饮料

五、食用注意

（1）荔枝干性偏温热，不可连续多食，尤其是过热体质者和儿童。

（2）易失眠、多梦者，睡前不能多食荔枝干。

（3）荔枝干含糖量很高，糖尿病患者应少食、慎食。

传说故事

白居易与荔枝核

相传，唐代大诗人白居易一天正在家中修改诗稿，有位南方的诗友来看望他，还带来一些刚成熟的荔枝。于是，两人一边研究诗稿，一边品尝鲜美可口的荔枝，吃着吃着，白居易不由得诗兴大发，挥笔写了一首赞美荔枝的诗句："嚼疑天上味，嗅异世间香。润胜莲生水，鲜逾橘得霜。"这时，他的妻子春兰进来，看见桌子上摆着许多荔枝核，就包在一起，随手放在桌子的抽屉里，时间一长，就忘记了。

一个月后，白居易因受凉得了疝气病，行动不便。妻子春兰到郎中家取药，郎中问明病情后，就包好一包中药给了春兰。春兰回到家，因为家务繁忙，没有立刻煎药，就顺手将药包放在原先放荔枝核的抽屉里。过了一会儿，活忙完了，春兰从抽屉里拿出郎中包好的中药，打开一看，是几粒荔枝核。她忽然想起了自己存放的荔枝核，是不是拿错了？于是打开另一个纸包，一看也是荔枝核，两个包里的东西一个样。她低头思索了一会儿，难道郎中给的药就是荔枝核，这荔枝核能治疝气病？为了慎重起见，春兰又到郎中家询问，郎中说给她的药就是荔枝核，荔枝核是治疝气病的良药，他曾用荔枝核治愈不少疝气病人。春兰这才熬了荔枝核水，让白居易服用。

没过几天，白居易的疝气病就好了。以后，他逢人就说，见人就讲，荔枝核能治疝气病。后来，白居易到京城居住，又将此事告诉了一位御医，御医在编修"本草"时，将荔枝核收进书中。就这样，荔枝核成为一味中药，流传至今。

芒果干

参天高树午风清，嘉实累累当暑成。
好事久传番尔雅，南方草木未知名。

——《瀛壖百咏·檨（即芒果）》
（清）张湄

一、物种本源

拉丁文名称，种属名

芒果干，是漆树科杧果属大乔木芒果树的果实——芒果（*Mangifera indica* L.）切片后经过烘干制得的干果。

形态特征

芒果干通常为黄色，扁平状。

习性，生长环境

芒果树性喜温暖，不耐寒霜；喜光，对土壤要求不高。芒果树分布广泛，在我国的广东、广西、台湾、海南和福建南部，以及云南的东南、西南等地区均有种植。芒果属于呼吸跃变型水果，自然保鲜期短。

二、营养及成分

芒果干是非常有营养的一种食物，其不仅含有大量的蛋白质、糖分，而且维生素A的含量也很高，与杏相比，高出1倍多。此外，芒果干中维生素C的含量也高于草莓、橘子。芒果干还含有4.2%的柠檬酸、5.4%的灰分、6.1%的酒石酸、3%的葡萄糖、1.1%的草酸，以及铁、钙、磷等矿物质。

三、食材功能

性味 味甘、酸，性凉。

归经 归脾、肺、胃经。

功能

（1）润肤和护眼。芒果干中含有胡萝卜素成分，不仅可以滋润皮肤，还对眼睛有益处。

（2）预防心血管疾病。芒果干可以降低胆固醇，经常食用有利于预防心血管疾病。

（3）促进胃肠蠕动。芒果干中所含有的膳食纤维能促进胃肠的蠕动，缩短粪便在结肠中停留的时间。

（4）止吐。芒果干对胃有益，可止呕吐，止头晕，对梅尼埃病、高血压引起的头晕、恶心、呕吐等症状有作用。芒果干煎水服用，对缓解孕妇恶心也有较好的效果。

（5）止咳。芒果干具有祛病和止咳的作用，如果有咳嗽、痰多及气喘等疾病，适量食用芒果干可起辅助食疗的作用。

四、烹饪与加工

芒果干果蔬粥

（1）材料：芒果干、猕猴桃干、红枣干、大米等。

（2）做法：把大米提前浸泡，芒果干、猕猴桃干、红枣干等果干切条或切块备用。锅中水煮开后加入大米熬煮，待粥煮好后加入果干条，继续煮5分钟关火即可。

香辛风味芒果干

芒果干使用亚硫酸氢钠与柠檬酸护色后热烫处理，拌入食盐和明矾，分层入坛，层层撒盐腌渍2～3天，形成盐坯。再用清水脱盐2～3小时，沥干放入由甘草、香料和辣椒粉熬煮的浸料液中，充分搅拌后放置24小时，捞出后烘干，再放入浸料液，搅拌后烘干，反复3～4次，烘干后含水量控制在16%～18%，杀菌后真空包装即可。

芒果干脆片

将芒果干进行预干燥处理，水分降低至12%时，再进行微波膨化，得到的芒果干脆片膨化率、酥脆度、色泽、外形都很好。

芒果干脆片

五、食用注意

（1）虽然芒果干具有多种功效，但因其性质带湿毒，部分人群不宜食用，如肠胃虚弱、风湿病、糖尿病以及消化不良、感冒等人群。

（2）肾炎患者也应少食芒果干，皮肤病或肿瘤患者则须禁食。

（3）芒果属于高致敏水果，原因在于芒果中含有致敏性蛋白、果胶和醛酸，尤其是在芒果没有熟透时，其所含的这些成分更多，这些成分会对皮肤黏膜产生刺激作用，从而引发过敏。

（4）由于芒果干中可溶性糖含量较高，过量食用会引起血糖升高、代谢紊乱等症状，影响机体各系统功能的正常运转，因此，需要对其进行合理的膳食搭配。

传说故事

马可·波罗与芒果的故事

据说，芒果这一名字来自印度南部的泰米乐语。我们现在吃的芒果是由野芒果选种培育而来的，野芒果是不能食用的，这也是印度人最先发现的。他们对芒果进行栽培选种，最终培育出可以食用的芒果。芒果自被发现以来，已有4000余年的历史。

第一个把芒果介绍到印度以外的人是中国唐朝的高僧玄奘法师。《大唐西域记》中有“庵波罗果，见珍于世”这样的记载，而后芒果陆续传入泰国、菲律宾和印度尼西亚等东南亚国家，再传到地中海沿岸国家，直到18世纪后才陆续传到巴西、西印度群岛和美国佛罗里达等地。现在，这些地方都有大片的芒果林。

元世祖时期，马可·波罗游历中国，到了海南岛就被岛上旖旎的风光所吸引，特别是对芒果产生了浓厚的兴趣。他跟着海南岛当地黎族、苗族人民学习了很多种植芒果的方法，回到元大都后极力向元世祖推荐海南芒果，一时间大都人都以吃海南的芒果为时尚。《马可·波罗游记》中还特别提到了海南岛美味的芒果。这本书一出版，激起了欧洲人对中国海南芒果的向往，许多人干脆就把马可·波罗叫作“芒果菠萝”。

无花果干

诸品先花而后果，唯兹有果竟无花。
赋材岂必泥成象，得实何尝在艳华。
玉质凝酥凝绀露，香苞含蜜似枇杷。
春风不屑争开谢，晚熟垂辉耀绛纱。

——《无花果》（清）裕瑞

一、物种本源

拉丁文名称，种属名

无花果干，为桑科榕属落叶灌木无花果树的果实——无花果（*Ficus carica* L.）烘干后制得的干果，又名映日果干、奶浆果干、蜜果干、树地瓜干等。

形态特征

成熟的无花果呈紫红或黄色，鲜果皮薄质软，含糖量高，内部多籽且呈小粒状。无花果易受到表面微生物侵入，不耐贮藏，且果实成熟期不一，不易批量采摘，很难存储和运输，因而多被加工成果干。无花果干是淡黄色的，味道浓厚、甘甜。

习性，生长环境

无花果树不耐寒，喜光，耐旱，对土壤要求不高。无花果原产于地中海和中亚地区，于唐代从波斯传入我国。目前，我国无花果产区主要分布在新疆地区，以及长江流域和华北地区。华北地区的无花果产区主要集中在山东威海、青岛、济南等地。

二、营养及成分

无花果干含有丰富的碳水化合物、蛋白质、粗纤维、脂肪酸、多酚、维生素、矿物质等，还含有许多其他的生物活性成分，如氨基酸等。无花果中含有18种氨基酸，其中包括8种必需氨基酸。此外，无花果中含有果胶和半纤维素等膳食纤维，还含有蛋白质分解酶、脂肪酶、淀粉酶、超氧化物歧化酶等酶类。每100克无花果干主要营养成分见下表所列。

碳水化合物	50.4克
膳食纤维	11.4克
蛋白质	3.4克
脂肪	1.4克

三、食材功能

性味 味甘，性平。

归经 归脾经。

功能

（1）润肠通便。无花果干含有的苹果酸、脂肪酶、蛋白酶、柠檬酸、水解酶等，能够增强食欲，而且含有的脂类对润肠通便有很好的疗效。

（2）降血脂和降血压。无花果干具有降低血脂和分解血脂的功能，可减少血管内的脂肪沉积，主要因为其含有18种氨基酸和较多的脂肪酶、水解酶，所以无花果干有降血压、预防冠心病的作用。

（3）排毒通乳。无花果干含有的胶质和纤维素能够清除孕妇体内的毒素，因而具有排毒通便的功效。另有研究表明，孕妇食用无花果干，还有疏通乳腺的作用。

四、烹饪与加工

无花果干煲汤

（1）材料：无花果干、黑木耳、荸荠、猪肠、盐等。

（2）做法：将无花果干、黑木耳、荸荠与猪肠煲汤，加盐等调味即可。无花果干中所含的果胶属水溶性膳食纤维，具有促进肠胃蠕动的功效。此外，无花果干与茴香水煎汤服用，可治疝气。

无花果干煮粥

（1）材料：无花果干、枸杞、粳米、冰糖等。

（2）做法：将无花果干、枸杞等洗净、泡发后，与粳米一起熬煮成粥，再加入冰糖等调味即可。这款粥具有清肠除热、消肿解毒的功效。无花果干含有必需氨基酸和果胶，能够很好地吸附肠道内的有害物质，促进大便及时排出体外。

无花果干煮粥

无花果干酱

将无花果干用温水泡软后加入冰糖，开火加热，大火沸腾后改用中小火熬制，并不断搅动，防止粘锅，熬制成均匀的黏稠状后，装瓶，密封。

无花果干果醋

以无花果干为原料，先将无花果干用50℃热水浸泡6小时，冷却后添加0.15%的果胶酶分解，分离果汁。果汁调整糖分、调节酸碱度后，加入酒精酵母进行发酵，再经醋酸发酵制得无花果干果醋。

无花果干酱

五、食用注意

（1）脂肪肝患者、腹泻者不宜食用无花果干。

（2）大便溏薄者不宜食用无花果干。

传说故事

无花果名字的来历

很久很久以前，一个名叫库尔班的维吾尔族果农把毕生心血倾注在自己的果园里，培育出一种松软甜美的水果。这种水果不但能止饥解渴，而且可以治疗多种疾病，因此，被当地人誉为“圣果”。

库尔班所在部落的首领贪图“圣果”的花香果甜，便下令要库尔班将果树全部移栽到他的花园中，否则就毁掉果园。库尔班连夜从果树上剪下条条嫩枝，送给附近的乡亲们栽培，第二天将光秃秃的果树移栽到首领的花园中。

结果第二年开春，首领花园里的果树一棵也没活，而老乡们果园里的果树却枝繁叶茂、花香四溢。首领怒不可遏，派士兵循着花香找到果园，将繁花盛开的果树统统砍掉。库尔班与乡亲们偷偷藏下枝条掩埋，第二年春天，又到了果树开花的季节，大家担心浓郁的花香将再度引来灾难。乡亲们面对着待放的花苞，心中默默祈祷：要是不开花就结果该多好啊！不想果树果然没有开花就结出了累累硕果。从此，人们将这种“无花而果”的果树称为“无花果树”，将它的果实称作“无花果”。

葡萄干

百斛明珠富，清阴翠幕张。
晓悬愁欲坠，露摘爱先尝。
色映金盘果，香流玉碗浆。
不劳葱岭使，常得进君王。

——《葡萄》（清）吴伟业

一、物种本源

拉丁文名称，种属名

葡萄干，为葡萄科葡萄属木质藤本植物葡萄树的果实——葡萄（*Vitis vinifera* L.）在日光下晒干或在阴凉处晾干而成的干品，又名乌珠木、草龙珠等。

形态特征

葡萄干是葡萄经晒干或晾干而成。葡萄呈球形或椭圆形，直径1.5~2厘米；种子呈倒卵状椭圆形，顶短近圆形，基部有短喙，种脐在种子背面中部呈椭圆形，种脊微突出，腹面中棱脊突起。葡萄干表面有皱纹，呈长椭球状。根据选用葡萄种类的不同，葡萄干可以分为无核白、特级绿、王中王、马奶子、男人香、玫瑰香、金皇后、香妃红、黑加仑、沙漠王、巧克力、酸奶子、梭梭等品种。

习性，生长环境

葡萄树喜光，较耐寒，对土壤要求不高，花期为6月，果期为9—10月。我国葡萄产地主要是在新疆吐鲁番、山东烟台、河北张家口等地。

二、营养及成分

葡萄干中含有丰富的维生素C和钙、钾、钠、镁、铁、硒、铜等元素。每100克葡萄干主要营养成分见下表所列。

碳水化合物	83.4克
膳食纤维	8.8克
蛋白质	2.5克

三、食材功能

性味 味甘、微酸，性平。

归经 归肾、脾、肺经。

功能

（1）补血气。葡萄干含有丰富的钙和铁，具有补血气，治疗贫血、血小板减少，暖肾等功效。

（2）缓解神经衰弱。葡萄干内含有多种矿物质、维生素和氨基酸，常食葡萄干对神经衰弱和过度疲劳有缓解作用，也有助于妇科病的康复。

（3）降低胆固醇。葡萄干内含有的各种营养可帮助抑制血中坏胆固醇的氧化，还能使血液中的胆固醇含量降低。

（4）改善肠道功能。葡萄干中含有纤维和酒石酸，能有效促进排泄物快速通过直肠，减少污物在肠中停留的时间，因此具有改善直肠功能的作用。

（5）预防心脑血管疾病。葡萄干中的白藜芦醇可有效预防心脑血管疾病，尤其对体弱贫血者、老年人、妇女有很大帮助。葡萄干含有的纤维可防止果糖在血液中转化成三酸甘油酯，有效降低罹患心脏病的风险。

四、烹饪与加工

葡萄干可直接生食，酸甜可口，也可煲汤、煮粥、熬膏或浸酒服用。

葡萄干粥

（1）材料：葡萄干、粳米、白砂糖等。

（2）做法：将粳米用冷水浸泡半小时；将葡萄干用冷水略泡，冲洗干净后加入粳米中；加入冷水后先用旺火煮沸，再改用小火熬煮，加入白砂糖调味后稍焖片刻，晾凉即可。

葡萄干面包

将鸡蛋、牛奶、奶粉、白砂糖、黄油、盐、酵母加入高筋面粉中，揉至面团均匀光滑，加入清洗沥干的葡萄干，揉至均匀。使用二次发酵法发酵整形，刷上均匀的蛋液，放入已经预热到200℃的烤箱内，烘烤15~30分钟即可。此款面包内里松软，香甜可口，营养丰富。除了做面包之外，葡萄干还可用于制作蛋糕、饼干等甜点。

葡萄干面包

葡萄干奶酥

葡萄干红枣核桃仁松糕

将椰蓉、糯米粉、大米粉、白糖放入盆中混合均匀，加入清水搅拌，用手搓均匀。将拌好的粉过筛，葡萄干洗净，红枣切片，核桃仁用刀背碾碎。在蛋糕模具内抹一层植物油，撒入适量的低筋面粉，再撒入葡萄干，上锅蒸5分钟取出。再放入适量的低筋面粉，撒入红枣片，上锅蒸5分钟取出后，再放入适量的低筋面粉，撒入核桃碎，上锅蒸5分钟取出。最后将适量的低筋面粉加入抹平，上锅蒸10分钟即可取出，晾凉后脱模、切块即可。

五、食用注意

（1）葡萄干含糖量偏高，糖尿病患者忌食。

（2）在吃补钾、螺内酯、氨苯蝶啶等药物时，不宜吃葡萄干。若食用，可能会出现胃肠痉挛、腹胀、腹泻，且易引起高钾血症和心律失常等症状。

传说故事

吐鲁番葡萄的传说

很久以前，高昌地区土地肥沃，水草丰盛，是个花园似的绿洲。太阳神看上了这片神奇的土地，就把天马放养在这美丽的草原。日久天长，这里的人对太阳神的天马忍无可忍，就开始驱赶它们。太阳神异常恼怒，发出可怕的闪电以示惩罚，有一道闪电落到了高昌，绿洲成为一片火海。高昌人无法扑灭这场大火，就祈告天神的到来。

人们叫苦连天，怨声载道，天神终于知道了这个消息，他大发慈悲，开始向人间降雨。大雨连下了九天九夜后，大火终于被熄灭。这场大火烧焦了这片土地上数不清的鸟类，只有一只燕子幸免于难，火只烧伤了它的翅膀和尾巴。燕子飞一会儿，休息一会儿，终于飞到一个好心人的面前。这个人很怜悯小燕子，就把燕子放在皮帽里带回家，像爱护他的9个孩子那样小心翼翼地喂养燕子。燕子在好心人的精心照料下很快恢复了健康，并在他那儿安了家。秋天到了，燕子落在好心人的肩上，发出动听的鸣叫声，在他的头顶盘旋了9次便飞走了。

第二年的春天，燕子又飞回来了。它落在好心人的肩上，把一粒种子放在他的手掌上便飞走了。好心人把种子种在院子里，过不久，种子发芽了。他从没见过这种果苗，便非常精心地浇灌它。到了秋天，燕子衔了一口湿土又飞回来了，在树苗的上空盘旋了9次，撒在树苗上，又飞走了。好心人看到燕子的举动，想了想，便把树苗缠绕好，埋在土里准备过冬。

秋天埋起来，春天挖出来，就这样连续4年，树苗从以前的1枝变成了9枝并遮盖了整个院子。

第四年的春天，好心人把树苗挖出来挂满了架子。树苗发芽了，每一片叶子的底部都结了一串果实，又过了一段时间，果实渐渐地长大了，夏天到了，果实像珍珠般放出光彩。这时，燕子又飞回来了，衔了一颗果实送到好心人的口中。他感觉果实竟像蜜一样的香甜，就摘了一盘献给了部落首领。首领尝了一颗，感到非常香甜、爽口，就命令全高昌地区普遍种植这种水果。从那以后，高昌地区又变成了绿洲，这种水果也从这儿传到了各个地方。它就是我们现在所说的“葡萄”。

蔓越莓干

莓莓原上田，春至早已种。
垈垈樊间圃，蔬好亦培壅。
农家乐地利，倚此拟微俸。
依随节序停，领略儿孙众。
徒耕有欢语，各息无愁梦。
冷看里诸生，焦心望乡贡。

——《莓莓原上田》
（宋）吕南公

一、物种本源

拉丁文名称，种属名

蔓越莓干，是杜鹃花科越橘属常绿亚灌木红莓苔子（*Vaccinium oxycoccos* L.）的果实——蔓越莓制成的果干。

形态特征

蔓越莓是一种生长在矮藤上的浆果。浆果为球形，直径为2~5厘米，外皮呈鲜红色。加工后制成的蔓越莓干呈暗红色，表面有皱纹。

习性，生长环境

红莓苔子喜凉爽的环境，只适合在高酸性沙土中生长，须经过3~5年栽培，成果期为秋季。蔓越莓在我国的大兴安岭地区比较常见，是当地特产，当地人称之为牙格达，又称北国红豆。

二、营养及成分

蔓越莓干保留了新鲜蔓越莓90%的营养，味道接近新鲜蔓越莓，热量较低。蔓越莓干含有大量蛋白质、脂肪、纤维素、花青素、胡萝卜素、维生素B、维生素C、维生素E，以及钙、钾、锌、铜、硒等多种矿物质元素。此外，蔓越莓干还含有鞣酸、水杨酸、苹果酸和脂肪酸以及多种氨基酸。

三、食材功能

性味 味甘、酸，性凉。

归经 归心、肾经。

功能

（1）保护心血管。蔓越莓干含有不饱和脂肪酸和生育三烯醇，可避免低密度脂蛋白胆固醇氧化，能够保护心血管健康，减少心血管老化病变。

（2）抗衰老。蔓越莓具有抗自由基物质——生物黄酮，经常食用蔓越莓干能够抗衰老，并且有预防老年性痴呆的功效。

（3）美容养颜。蔓越莓干富含维生素C，可以抵抗自由基对皮肤造成的衰老损害，同时为皮肤添加必要的营养成分，因此，常食蔓越莓干可使肌肤水润亮泽，具有美容养颜的效果。

四、烹饪与加工

养生蔓越莓奶冻

（1）材料：蔓越莓干、酸枣仁、亳菊、枸杞、牛奶、椰浆、吉利丁片等。

（2）做法：将蔓越莓干、酸枣仁、亳菊、枸杞加入牛奶、椰浆中，再加入软化的吉利丁片，可加工成一种新型的养生蔓越莓奶冻。这款奶冻不但营养丰富、风味独特，而且药用价值高。

蔓越莓面点

在饼干、面包、蛋糕等面点中添加一定量的蔓越莓干或蔓越莓干颗粒等，与面点一同烤制，制成蔓越莓面点。

蔓越莓饼干

蔓越莓凝胶软糖

以蔓越莓干为原料，添加蓝莓果汁，辅以白砂糖、葡萄糖浆、明胶、果胶、柠檬酸和苹果酸等，浇注在模具中，在22℃左右冷却凝固成型后取出，在28~30℃、相对湿度小于50%的环境中干燥40小时左右，即可制成蔓越莓软糖。

蔓越莓果汁

蔓越莓果汁

先把鲜柠檬洗净，切片；再把葡萄、蔓越莓干洗净，葡萄去皮、去籽备用。将柠檬片、葡萄肉和蔓越莓干一同放入榨汁机中，再加入少许蜂蜜和清水，用榨汁机将其榨成果汁即可。

五、食用注意

（1）蔓越莓干含大量糖分和丰富草酸，糖尿病和结石患者不宜食用。

（2）蔓越莓干性凉，脾胃虚弱、淤血体质者不宜食用。

（3）蔓越莓干含有水杨酸成分，服用阿司匹林期间不宜食用。

传说故事

蔓越莓的传说

从前，在森林的深处有一个湖，湖中住着一个仙女。传说想许愿的人把自己的心愿写在纸上折成小船放进湖中，如果小船能够不沉而且漂到湖中心，那么仙女就会帮他完成心望。

有个女孩一直很喜欢一个男孩，可是有一天男孩离开了，去寻找蔓越莓。女孩就在湖边把写着自己心愿的纸折成了小船放进湖中，小船漂到了湖中心，仙女出现了，给女孩一粒蔓越莓种子，并告诉她要用自己的眼泪去灌溉。

女孩就在湖边种下了这粒种子，并且每天用泪水浇灌它。种子每天喝足了泪水就猛劲地长，后来它发现女孩的泪水已经没有了咸味，她的眼睛瞎了！

女孩就用自己的血去浇灌种子，终于有一天女孩倒下了，蔓越莓也开花结果了，并且结出了世界上最美丽的蔓越莓。男孩出现了，他看到了蔓越莓果实，却发现蔓越莓再美也远远没有女孩在他心里重要！可是，女孩却再也不能看到他和她自己用血泪浇灌的蔓越莓了。

杨梅干

梅出稽山世少双，情知风味胜他杨。
玉肌半醉生红粟，墨晕微深染紫囊。
火齐堆盘珠径寸，醴泉浸齿蔗为浆。
故人解寄吾家果，未变蓬莱阁下香。

——《谢丘师杨梅》（南宋）

杨万里

一、物种本源

拉丁文名称，种属名

杨梅干，是将杨梅科杨梅属常绿乔木杨梅树的成熟果实——杨梅（*Myrica rubra* Lour.），经过腌渍、晒干、漂洗、糖渍、晒制等一系列工艺加工制成的果脯。

形态特征

杨梅干是杨梅经加工而成的果脯。杨梅呈球状，外表面具凸起，外果皮肉质，多汁液及树脂，味酸甜，成熟时为深红色或紫红色；核常为宽椭圆形或圆卵形，稍扁，长1～1.5厘米，宽1～1.2厘米，内果皮极硬，木质。加工后的杨梅干大多为褐红色，呈椭球或球状，肉质酸甜可口。

习性，生长环境

杨梅树喜温暖气候，较耐寒、耐旱，好湿耐阴，要求水分充足，特别是在4—9月要求水分较多，忌高温烈日，喜酸性土壤，适宜在疏松、排水良好的含沙砾的沙质红壤或黄壤中生长。杨梅树在4月开花，6—7月果实成熟。杨梅树在我国主要分布在云南、贵州、浙江、江苏、福建、广东、湖南、广西、江西、四川、安徽、台湾等地区。

二、营养及成分

杨梅干的含酸量为0.5%～1.1%，含糖量达到12%～13%。杨梅干含有丰富的矿物质元素，其中铁、钙、磷含量是其他水果的10倍，还含有对人体有益的纤维素、维生素、8种必需氨基酸，以及一定量的果胶、蛋白质、脂肪等。每100克杨梅干部分营养成分见下表所列。

碳水化合物	5.7克
膳食纤维	1克
蛋白质	0.8克
脂肪	0.2克
钾	149毫克
钙	14毫克
镁	10毫克
维生素C	9毫克
磷	8毫克
铁	1毫克
维生素E	0.8毫克
锰	0.7毫克
钠	0.7毫克
维生素B_3	0.3毫克
锌	0.1毫克

三、食材功能

性味 味甘、酸，性温。

归经 归肺、胃经。

功能

（1）帮助消化，提高食欲。杨梅干性平，味道甜中带酸，含有丰富的维生素C、柠檬酸、葡萄糖、果糖、苹果酸、草酸、乳酸等成分。杨梅干可促进唾液分泌，从而达到止渴的功效，同时可缓解腹泻、反胃等症状。杨梅干具有提高食欲之功效，主要因其味道较酸，能增加胃酸的浓度，促进肠胃对食物的消化，从而增强食欲。

（2）降血糖。杨梅多酚可以通过保护胰岛β细胞达到降血糖的目的。杨梅蛋白酶解肽可以抑制α-葡萄糖苷酶的活性，从而达到降血糖的功效。

（3）抗氧化。杨梅多酚类物质对清除氧自由基、抑制氧化应激水平具有显著作用，经常食用杨梅干具有美容养颜的效果。此外，杨梅多酚的抗氧化作用在骨质疏松等病症的治疗中也得到佐证。

（4）镇痛。杨梅总黄酮可以抑制神经元的兴奋性，从而具有一定的减轻疼痛感的功效。

（5）解酒。杨梅干具有消食解酒、和五脏、涤肠胃的功效，可以与其他具有解酒去肝毒作用的中草药一起制备醒酒剂。另外，常食杨梅干还可缓解疲劳，有止泻、御寒、祛湿等功效。

四、烹饪与加工

杨梅干可直接食用，也可以煎汤、泡茶，还可用于泡酒。

冰糖杨梅干

杨梅干糯米粥

（1）材料：杨梅干、绿豆、糯米等。

（2）做法：把杨梅干浸泡去核切碎，绿豆用清水提前浸泡。将糯米和绿豆一同入锅，加水，用旺火烧开后转用小火熬烂，加入杨梅干碎粒，搅匀即可。这款粥可健脾消食、生津解渴，对萎缩性胃炎、胃酸缺乏症、糖尿病等病症有疗效。

杨梅干面点

在饼干、面包、蛋糕等面点中添加一定量的杨梅干，与面点一同烤制，制成杨梅干面点。

杨梅干保健酒

使用芡实、向日葵花盘、五味子等中草药的浸提液浸泡杨梅干，加入糯米、酒曲、冰糖，可制成全新的营养保健酒。这款保健酒既能发挥杨梅的营养特性，又能发挥中草药的功能特性，二者相辅相成，从而提高了米酒的营养功效。

杨梅干保健酒

五、食用注意

（1）由于杨梅干含糖量较高，因此，糖尿病患者不宜多吃杨梅干。正常人也不能一次食用过多，食用太多会产生牙齿酸软的不适之感。

（2）阴虚、血热、火旺或有牙病者忌食。

传说故事

杨梅树的传说

据说在明末清初时期，吴三桂带着清兵来到中原，想占领中原的大片土地，而中原人民坚决抵抗，双方发生了激烈的战斗。在战乱之时，吴三桂带着一群士兵逃到靖州一个叫木洞的偏远山村。这个小山村里种满了杨梅树，而此时正是杨梅成熟之时。吴三桂和他的手下们又渴又饿，见到杨梅便马上采摘下来大口大口地吃。刚吃几口，吴三桂就被酸得龇牙咧嘴。因为他本来牙齿就不好且非常敏感，这么一刺激，他的牙齿又酸又痛。他非常愤怒，当下就命令士兵们把这些杨梅树统统砍掉，接着就带着士兵们朝着贵州方向奔去。

到了第二年的春天，有一位白胡子老头来到了木洞。他首先选了一些杨梅树枝，然后用非常锋利的斧子把它们一劈两半，把这些杨梅枝子插到地里，埋好土，用脚踩实，然后就离开了。说来也是奇怪，白胡子老头插的这些杨梅枝子竟然长得很茂盛，而且结出的果子酸甜可口，颜色黑里透红，鲜亮鲜亮的。这与之前的山梅完全不一样，口感特别好。这里的山民都非常开心，于是大家也都学着白胡子老头的做法插上杨梅枝子。几年过去了，这里又长满了漫山遍野的杨梅树，只是这次结出的杨梅又酸又甜，非常美味，深受大家喜爱。

刺梨干

十载南荒吏，诗歌兴未衰。
钓藤酣野酿，乐府唱新词。
犵鸟翻山鹧，蛮花缀刺梨。
播州居亦得，刘柳不曾知。

——《送蒋绣谷由余庆之朔州（其一）》（清）田榕

一、物种本源

拉丁文名称，种属名

刺梨干，是由蔷薇科蔷薇属灌木缫丝花所结的果实——刺梨（*Rosa roxburghii* Tratt.）经晒干制得的干果，又名茨梨、木梨子。

形态特征

刺梨干是刺梨鲜果经晒干而成。刺梨呈扁球形或圆锥形，直径2~4厘米，表面为黄褐色，密被针刺，加工而成的刺梨干表面呈褶皱状。刺梨干通常为红褐色。

习性，生长环境

缫丝花适应性强，耐寒、抗旱、耐盐碱、耐水湿，花期为5—7月，果期为8—10月。缫丝花主要分布在我国贵州，此外，云南和四川西部凉山地区也有分布。

刺　梨

二、营养及成分

在目前人们所知道的水果中，刺梨的维生素C含量最高，所以常常被人们称为“天然维C贮库”或者“维C之王”。与鲜刺梨相比，因为晒干使其失去水分，所以在相同质量的情况下，刺梨干中维生素C的含量是鲜刺梨的2倍。

刺梨干除了含有丰富的维生素C外，还含有鞣酸、B族维生素、维生素E以及微量元素硒和锌等。另外，刺梨干中还含有过氧化物酶和超氧化物歧化酶。

三、食材功能

性味 味甘、酸，性凉。

归经 归脾、胃、肾经。

功能

（1）提高人体免疫力。刺梨干含有多种维生素，如维生素C、B族维生素等。维生素C参与免疫球蛋白的合成，可促进干扰素的产生，抑制病毒的复制，因此可提高人体的抗病能力。B族维生素具有缓解疲劳、降低血压之功效，可使心肌活力增强，达到保护心脏的效果。刺梨含有非常丰富的超氧化物歧化酶，其含量在野生水果中排第一位，其不仅能够明显增强机体免疫力，还对护肤、美容具有明显功效。

（2）帮助消化。刺梨干含有脂肪酶，脂肪酶具有增强胃中酶分泌的作用，可以促进食物的消化，缓解食积饱胀，达到开胃消食、收敛止泻的功效。

（3）益智补脑。刺梨干中含有丰富的氨基酸，种类达18种之多，包含8种必需氨基酸。氨基酸的摄入可以促进大脑蛋白质的合成，从而改善记忆力，因此可以起到一定的补脑作用。

（4）止咳化痰，清热镇静。刺梨干中含多糖、鞣酸，具有止咳、化痰之功效。此外，刺梨干具有清热镇静的功效，经常食用可缓解头晕目眩等症状。

（5）其他作用。刺梨干含有鞣酸，鞣酸对重金属具有吸附作用，可澄清液体，还具有抗衰老、美容和杀菌的功效。而且，刺梨干中所含的β–谷甾醇、过氧化氢酶、维生素E和超氧化物歧化酶组成了一个可以消除超氧化物阴离子的自由基等活性氧的防护体系。

四、烹饪与加工

刺梨干可煎汤，泡茶，或浸酒。

刺梨酒

用蒸熟的刺梨干掺入适量的米饭，加入酒曲拌匀后，入缸密封。半个月后酒化，再用木甑蒸馏，可得到刺梨酒。以糯米和刺梨干酿制的刺梨酒为最佳，具有消食益气的功效。

芦笋刺梨汁

把新鲜芦笋择洗干净，放入凉开水中浸泡片刻，取出即切碎，或切成小段，备用。将刺梨干洗净，放入凉开水中浸泡片刻，取出，切碎

芦笋刺梨汁

后，与切碎的芦笋同放入料理机中，快速搅打成浆汁，稍作过滤，倒入杯中即可。

五、食用注意

刺梨干性凉，胃脘冷痛、脾胃虚寒和慢性腹泻者不宜食用。

茅山道士与刺梨

相传，有一位书生，面色蜡黄泛白，重病缠身，便向杨老吉求治。杨老吉对他说，他患的是大热症，气血耗损，病入膏肓，可去茅山道观看看。书生便登茅山道观求诊，道士一看，忙笑着告诉他，不必担忧，你回家每天吃一个刺梨，无鲜刺梨可把刺梨干煮熟，连汤带果都吃下，病自然会慢慢好起来。书生依道士嘱咐，每日服用刺梨干及其汤水，一年后，病果然好了。

此后，杨老吉又遇到了书生，只见他满面红光，气血复壮。杨老吉十分惊讶地说："你一定遇上神仙了吧？不然，你的病怎能好起来呢？"书生如实相告，杨老吉听罢，便整理衣着，面朝茅山叩拜，自责学医未到家。

历史上利用刺梨酿酒的记载，始见于清道光十三年（1833）吴嵩梁在《还任黔西》中所写的诗句："新酿刺梨邀一醉，饱与香稻愧三年。"

乌梅

摽有梅，其实七兮。求我庶士，迨其吉兮！
摽有梅，其实三兮。求我庶士，迨其今兮！
摽有梅，顷筐塈之。求我庶士，迨其谓兮！

——《诗经·召南·摽有梅》（先秦）佚名

一、物种本源

拉丁文名称，种属名

乌梅（*Prunus mume* Siebold & Zucc.），为蔷薇科李属小乔木或稀灌木梅树的未成熟果实，经采收洗净后在烘灶中先用大火再用文火烘至八九成干，再焖至色变黑而得，又名梅实干、熏梅干、桔梅肉干。

形态特征

乌梅，色泽乌黑发亮，果肉柔软或略硬，微黏。果核坚硬，椭圆形，棕黄色，表面有凹点，内含卵圆形、淡黄色种子，手摇动时核仁有响动。闻起来有焦酸气，味极酸而涩。乌梅以色黑而有光泽、个大、肉厚坚实、味酸醇者为佳。

习性，生长环境

梅树喜温暖、湿润环境，以年平均气温16~23℃为宜，适宜在土层深厚、排水良好的砾质或沙质土壤中生长。我国是梅树的原产地，已有3000多年栽培历史。目前在我国各地均有梅树栽培，但以长江以南地区为多，长江以北的江苏北部和河南南部也有少数品种。

二、营养及成分

乌梅含有柠檬酸、苹果酸等多种有机酸，且有机酸含量较多，同时还含有B族维生素、维生素E、维生素C、铁、磷等，有健脾和胃、补养肝肾的效果。乌梅仁中苦杏仁苷的含量可达0.5%。乌梅中还含苦味酸和超氧化物歧化酶。

三、食材功能

性味 味酸、涩，性平。

归经 归肺、脾、大肠经。

功能

（1）抗病原微生物。乌梅具有广泛的抑菌谱，对炭疽杆菌、白喉和类白喉杆菌、葡萄球菌、枯草杆菌、肺炎球菌等皆有抑制作用，对霍乱弧菌、大肠杆菌、变形杆菌、伤寒和副伤寒杆菌、绿脓杆菌等肠内致病菌也有效，但对甲或乙种链球菌无作用。乌梅的抑菌功能与其制剂呈酸性有一定关系，若改变其酸碱性，如调至中性，其对金黄色葡萄球菌的抑菌强度则减弱一半。

（2）杀蛔虫。乌梅对蠕虫既有逆行作用，又有兴奋作用。乌梅煮熟后再服用，或者通过服用从乌梅中提取的杀肠虫药物成分，可达到杀灭蛔虫的目的。

（3）利胆。乌梅具有促进胆囊收缩的作用，有利于排泄胆管内胆汁，减少和预防胆管感染，还有助于减少胆管中的蛔虫卵，从而降低蛔虫性胆石症的发生风险。当增加乌梅汤的剂量时，胆囊的收缩作用将显著增强。同时，乌梅还可以促进胆汁的分泌，使胆汁呈酸性。

（4）增强食欲。乌梅有刺激唾液腺和胃腺的分泌，增强食欲、促进消化的作用，因此肠胃功能不好的人群，每天吃一颗乌梅能帮助恢复食欲。

（5）其他作用。乌梅能促进肠道蠕动，消除炎症，同时具有收缩肠壁的作用，可用于治疗腹泻。孕妇每日吃一颗乌梅可缓解孕吐反应。乌梅中所含的柠檬酸可使葡萄糖在体内的能量转换效率提高10倍，释放更多的能量以消除疲劳，起到增加能量的作用。此外，醉酒者食用几粒乌梅，对解酒有一定的效果。乌梅具有促进皮肤细胞代谢的能力，可起到美容美发的作用。

乌梅汤

（1）材料：乌梅、冰糖等。

（2）做法：取几枚乌梅切碎后用清水浸泡30分钟，倒入锅中用大火烧沸后改用小火煮20分钟，盛出加冰糖调味即可。明代方贤所著的《奇效良方》中记载，乌梅汤是一款中药。长期服用乌梅汤，可爽肤祛痘，特别是对过敏性皮肤有很好的改善作用。

乌梅汤

乌梅鸭肉酥

（1）材料：乌梅、鸭肉、盐、卤料等。

（2）做法：将洗净沥干的鸭肉用炒香的盐料密封腌制；将乌梅加入卤料包中，先用大火再转中小火卤制鸭肉，后用高压锅蒸制，取出鸭肉晾凉即可。该法加工出的鸭肉松软，口感极佳，芳香油润，咸中带鲜，口味独特，具有健脾胃的保健功能。

乌梅果酱

去除乌梅核，将果肉加水、糖和少许盐熬煮（少许盐可增加风味），熬煮过程中不停搅拌，直至呈均匀的黏稠状后入罐密封。

乌梅果酱

乌梅苹果醋

乌梅经过清洗、预煮、加热浸提、过滤制成乌梅汁，再用米醋、蜂蜜、苹果汁调配，陈酿、澄清、过滤后制成乌梅苹果醋饮品。这款饮品属于碱性醋酸饮料，口感好，风味佳，有清凉消暑、开胃、助消化、增进食欲的作用，且具有润喉、降火、美容、消除疲劳的功效。

乌梅炭饮片

将乌梅去皮、去核、去渣后，在炒制容器中，用温度150～200℃的武火翻炒，炒至皮肉鼓起，表面呈焦黑色出锅，得到乌梅炭饮片。乌梅经炒炭后，增强了其收敛止血的功效。

五、食用注意

（1）儿童不宜多食乌梅。

（2）妇女在经期和分娩前后要慎食乌梅。

（3）感冒发热，特别是伴有咳嗽痰多症状者，不宜食用乌梅。除此之外，肠炎患者也最好不要食用乌梅，避免病情加重。

延伸阅读

乌梅小史

我国的梅现有230多个品种，分为食用梅、观赏梅两大类。食用梅有青梅、白梅和花梅几种，其果实可供食用和药用。梅的食用在我国历史悠久，《诗经》中记载：“摽有梅，其实七兮。”这里所咏的梅就是指食用梅。最初植梅，是为了采集果实作调味品用，而不是为了观赏。那时的梅，几乎与食盐同样重要，为日常生活所不可缺少之物。《品汇精要》中记载：“梅，木似杏而枝干劲脆，春初时开白花，甚清馥，花将谢而叶始生，二月结实如豆，味酸美，人皆啖之。五月采将熟大于杏者，以百草烟熏至黑色为乌梅，以盐淹暴干者为白梅也。”

乌梅，原产于我国长江以南各地。我国植梅大约起于商代，距今已有近4000年的历史。《周礼》中称其为“橑”（食用梅的古称），《说文解字》和《尔雅》上叫“枬”。春秋战国时期，爱梅之风很盛，人们把梅花和梅子作为馈赠和祭祀的礼品。在殷商时期的出土文物中，可以看到铜鼎器皿上有梅核图案，竹筒上有梅形。《医说》中也记载，曾鲁公一度患有下痢便血之症，百余日不见好，国医也没有办法，后来陈应之用盐水梅肉研磨碎，合入腊茶，并加入食醋让其服用，一啜而安。梁庄肃公亦患下痢便血之症，陈应之用乌梅、胡黄连和灶下土等分为末，用茶水调服，也很快看到疗效。可见，小小的乌梅，虽然外表乌黑，但在我国历史长河中一直备受人们喜爱。

话梅

凌波不过横塘路，但目送、芳尘去。
锦瑟华年谁与度？月桥花院，琐窗朱户，只有春知处。
飞云冉冉蘅皋暮，彩笔新题断肠句。
试问闲愁都几许？一川烟草，满城风絮，梅子黄时雨。

——《青玉案》（北宋）贺铸

一、物种本源

拉丁文名称，种属名

话梅，是蔷薇科李属小乔木或稀灌木梅树的成熟果实——在芒种后采摘的黄熟梅子（*Prunus mume* Siebold & Zucc.），经过盐水浸泡、晒干、清洗、糖腌、再晒干等一系列工艺加工制作而成。

形态特征

梅子近球形，直径2~3厘米，黄色或绿白色，被柔毛，味酸，果肉与核粘连。核为椭圆形，基部渐狭呈楔形，两侧微扁，腹棱稍钝，腹面和背棱上均有明显纵沟。加工而成的话梅表面呈褶皱状，颜色较暗，肉质干脆、酸甜适口。

习性，生长环境

梅树喜温暖、湿润环境，以年平均气温16~23℃为宜，适宜在土层深厚、排水良好的砾质或沙质土壤中生长。我国是梅树的原产地，已有3000多年栽培历史。目前在我国各地均有梅树栽培，但以长江以南地区为多，长江以北的江苏北部和河南南部也有少数品种。

二、营养及成分

话梅中含有多种有机酸，其中苹果酸、柠檬酸的含量较多，还含有枸橼酸和琥珀酸等有机酸，总体酸含量占4%~5.5%。话梅还含有苯甲醛、棕榈酸、4-松油烯醇、苯甲醇

黑糖话梅

等挥发性成分。

三、食材功能

性味 味甘、酸，性温。

归经 归肺、肝、脾、大肠经。

功能

（1）生津开胃。话梅具有生津解乏、开胃消食的作用。话梅中所含的酸、甜、咸三种味道的比例适中，可以刺激味蕾，促进唾液分泌，从而缓解口干舌燥的症状。

（2）缓解孕吐。话梅的味道酸咸，适量食用可缓解孕妇呕吐、晕车等不适症状。另外，日常生活中如果出现没有食欲且有恶心、呕吐的情况，也可食用一些话梅，症状会有所改善。

（3）止痛。话梅由梅子制作而成，具有消肿、止痛的效果。《本草纲目》中记载："梅，血分之果，健胃、敛肺、温脾、止血涌痰、消肿解毒、生津止渴、治久嗽泻痢。"肚子痛时，可以把梅肉捣碎敷于肚脐眼，或者将话梅煮水服用，有止痛的功效。

（4）预防牙周炎。在日常吃话梅时，可以把核在口中多翻滚几下，然后用舌头将话梅核推至外唇，用唇挤压，不断挪动挤压话梅核，这样可以按摩牙龈。此过程既可以促进唾液分泌，有益于消化；又可以起到坚固牙齿、预防牙周炎的作用。

四、烹饪与加工

话梅不仅可以做成汤汁、冷饮、糕点等，而且还可以和各种肉类和蔬菜一起炒着吃，味道非常爽口，具有开胃功效。

话梅茶

话梅糖

把干燥的梅坯按照三浸三换水的方法脱盐，沥干水分后用烘干机或日晒干燥到半干状态。再把甘草、精盐、甜蜜素、柠檬酸、山梨酸钾、肉桂、丁香、茴香粉等制成的浸渍液加热到80～90℃，趁热加入半干梅坯，不断翻动让半干梅坯均匀吸收甘草料液。把吸完甘草料液的梅坯在60～70℃条件下烘干到含水量低于18%，得到咸度适宜，同时有酸、甜、甘、香四味的话梅糖。

话梅果糕

以话梅浆为原料，添加魔芋–卡拉复合胶凝剂，加入葡萄糖、柠檬酸、盐等，然后在60℃条件下干燥15小时左右，控制话梅糕的水分含量在20%左右，即可制得话梅糕。这款话梅糕色泽自然、质地细腻、风味浓郁、酸甜可口，有嚼劲但不黏牙，老幼皆宜，并且具有开胃怡神、生津止渴之功效。

话梅含片

将话梅粉中加入葡萄糖、冰糖、甘露醇、柠檬酸和增香剂等，使用湿法加工工艺可将其加工成酸甜适中、清凉感适宜、话梅味浓郁、口感良好的话梅含片。

话梅山楂月饼

将话梅和山楂切成丁状制成馅料，加入月饼面皮中，将包好的月饼揉成圆柱形放进月饼模具中，稍用力按压，按压的过程中不要移动，轻轻提起模具，从模具中取出月饼放入烤盘中，170℃预热烤箱后烤10分钟，取出晾凉，在月饼表面刷一层全蛋液后再烤10分钟，烤至表面金黄色即可。回油后食用，口感更好。

五、食用注意

话梅在制作过程中加入了大量的糖、盐和一些食品添加剂，所以不可多食。多食不仅会灼伤口腔、刺激肠胃，还有引发肥胖、高血压的风险。

传说故事

望梅止渴

有一年，曹操带兵出征打仗，准备讨伐张绣。此时正赶上夏天，酷暑难耐，而且军队正好走到一片干旱地区，这里找不到水，士兵们已经很久没有喝水，走不动路了，有的瘫坐在地上，有的趴在石头上。曹操见到这个状况，心里十分着急，这不仅会影响最初的作战计划，还可能让自己的士兵们在这里渴死。他马上把那个熟知此片区域的带路人喊过来，问他这附近有没有水源。那人摇摇头说，必须翻过前面的大山，才能看到山谷，山谷里有清澈的泉水。但是士兵们都没有体力再往前走了。曹操听了之后，心想不能让大家渴死在这个地方，他命令手下跟士兵们说："前方有一片非常大的梅林，里面结了很多又酸又甜的梅子，吃了就不会那么渴啦。"士兵们一听，马上打起精神，想到梅子，嘴里都一直在流口水，也就不觉得口渴了。就是凭借这要去找梅子的心愿，曹操才能带领他的士兵们走过干旱区域，最终到达了有水的地方。

参考文献

[1] 陈寿宏. 中华食材（中）[M]. 合肥：合肥工业大学出版社，2016：429-461.

[2] 胡皓，胡献国. 讲故事识中药 [M]. 北京：人民军医出版社，2013：15-40.

[3] 黄道恒. 本草传奇 [M]. 长沙：中南大学出版社，2015：38-60.

[4] 徐传宏. 干鲜果品 [M]. 天津：百花文艺出版社，2008：10-220.

[5] 张国庆. 食疗传奇 [M]. 北京：军事医学科学出版社，2010：80-180.

[6] 吴庆光，刘四军，侯如艳. 水果干果食法便典 [M]. 广州：广东科技出版社，2008：55-180.

[7] 王友升. 现代食品深加工技术丛书——果蔬生理活性物质及其高值化 [M]. 北京：科学出版社，2015：10-50，210-285.

[8] 张亭，杜倩，李勇. 核桃的营养成分及其保健功能的研究进展 [J]. 中国食物与营养，2018，24（7）：64-69.

[9] 张深梅. 大别山山核桃坚果表型和营养成分多样性分析 [D]. 杭州：浙江农林大学，2019.

[10] 蔡怡朗，俞浩然，何亚萍，等. 碧根果各部分成分应用及果仁的深加工 [J]. 粮食与食品工业，2017，24（5）：46-51.

[11] 常存，段楠，刘新杰. 榛子的营养成分测定及保健功能研究 [J]. 黑龙江科学，2019，10（16）：44-45.

[12] 王向阳，修丽丽. 香榧的营养和功能成分综述 [J]. 食品研究与开发，2005，26（2）：20-22.

[13] 马长乐，周稚凡，李向楠，等. 云南榧子和香榧子营养成分比较研究[J]. 食品研究与开发，2015（14）：92-94.

[14] 刘迪迪，李景彤，程翠林，等. 红松松子中生物活性成分研究与开发[J]. 食品研究与开发，2017，38（23）：216-219.

[15] 尤努斯江·吐拉洪，马木提·库尔班，木妮热·依布拉音. 巴旦木的营养保健作用研究进展[J]. 中国食物与营养，2008（10）：56-58.

[16] 张淑平，周冬香，严伯奋，等. 巴旦木的营养评价及乳饮料的开发[J]. 食品工业科技，2000，21（1）：36-38.

[17] 杜琨，牟朝丽. 杏仁的营养价值与开发利用[J]. 食品研究与开发，2005（5）：151-154.

[18] 杨恒，魏安智，杨途熙，等. 开心果的生物学特性及主要品种简述[J]. 陕西林业科技，2002（4）：54-56.

[19] 王健，杨毅敏. 世界腰果研究综述[J]. 经济林研究，2002，20（2）：87-91.

[20] 佘湘萍. 腰果壳油对蘑菇酪氨酸酶的抑制效果及其生物学效应研究[D]. 厦门：厦门大学，2017.

[21] 彭日欣，唐清苗，吴子佳，等. 夏威夷果的营养价值及加工制品研究现状[J]. 农产品加工，2019（20）：77-79.

[22] 单小莉，田洪磊，程卫东，等. 沙漠果油的酶法提取及脂肪酸组成分析[J]. 食品工业，2015，36（4）：87-92.

[23] 葛祎楠，李斌，范晓燕，等. 板栗的功能性成分及加工利用研究进展[J]. 河北科技师范学院学报，2018，32（4）：21-26.

[24] 范民，鞠璐宁. 锥栗加工的研究进展[J]. 黑龙江生态工程职业学院学报，2019，31（1）：35-36.

[25] 卢亚婷，王勇，陈合. 我国柿饼加工技术的研究进展[J]. 保鲜与加工，2006，6（2）：1-3.

[26] 张华. 发酵型黑枣酒加工工艺的研究[D]. 保定：河北农业大学，2013.

[27] 王金玺，刘慧瑾. 红枣的营养保健功能及开发利用研究进展[J]. 价值工程，2012，31（23）：290-292.

[28] 李健儿. “沙漠面包”：椰枣[J]. 中国保健食品，2014（7）：72.

[29] 贾生平，费大丽．油橄榄的加工技术 [J]．中国林副特产，2005（6）：41-42.

[30] 朱定和，郭林．龙眼干果酒酿造工艺的研究 [J]．韶关学院学报（自然科学版），2005（6）：77-79.

[31] 符勇．荔枝干制加工品质评价研究 [D]．金华：浙江师范大学，2013.

[32] 姜唯唯，刘刚，张晓喻，等．微波真空冷冻干燥对芒果干制品品质特性的影响 [J]．食品科学，2012，33（18）：49-52.

[33] 强立敏．无花果真空冷冻干燥工艺的研究 [D]．保定：河北农业大学，2013.

[34] 罗国光．世界葡萄干生产和贸易状况 [J]．河北林业科技，2004（5）：11-13.

[35] 汪晓琳．蔓越莓戚风蛋糕的制作工艺研究 [J]．农产品加工·创新版，2016（11）：45-46.

[36] 朱文佩，刘丽华，刘常贵．初制杨梅干的加工技术 [J]．浙江农业科学，2010（1）：107-108.

[37] 夏仕青，张爱华．刺梨的营养保健功能及其开发利用研究进展 [J]．贵州医科大学学报，2018，43（10）：1129-1132.

[38] 刘友平，陈鸿平，万德光，等．乌梅的研究进展 [J]．中药材，2004，27（6）：459-462.

[39] 裴风．梅制品深加工技术 [J]．技术与市场，2014（12）：25.